高等院校应用型本科智能制造领域"十三五"规划教材

嵌入式系统原理与实践
——基于 Cortex-M3(STM32)
(上册)

周银祥　主编

华中科技大学出版社
中国·武汉

内 容 简 介

ARM 微处理器已遍及工业控制、消费类电子产品、通信系统、网络系统、无线系统等市场,而本书介绍的 Cortex-M3 处理器是 ARM 公司推出的首款基于 ARMv7-M 架构的处理器,十分具有代表性。本书结构合理,内容系统全面,从嵌入式系统概述、ARM Cortex-M3 微处理器、ARM Cortex-M3 开发工具和环境、STM32 基础入门等方面介绍了嵌入式系统的原理与具体应用,可作为高等院校计算机专业、电类专业、自动化以及机电一体化专业本科生的教材和参考书,也可供希望了解和掌握嵌入式系统的技术人员学习参考。

图书在版编目(CIP)数据

嵌入式系统原理与实践:基于 Cortex-M3(STM32).上册/周银祥主编.—武汉:华中科技大学出版社,2018.8(2022.7 重印)
高等院校应用型本科智能制造领域"十三五"规划教材
ISBN 978-7-5680-4451-6

Ⅰ.①嵌… Ⅱ.①周… Ⅲ.①微型计算机-系统设计-高等学校-教材 Ⅳ.①TP360.21

中国版本图书馆 CIP 数据核字(2018)第 193309 号

嵌入式系统原理与实践——基于 Cortex-M3(STM32)(上册)   周银祥 主编
Qianrushi Xitong Yuanli yu Shijian——Jiyu Cortex-M3(STM32)(Shangce)

策划编辑:余伯仲	
责任编辑:刘 飞	
封面设计:原色设计	
责任监印:周治超	
出版发行:华中科技大学出版社(中国•武汉)	电话:(027)81321913
武汉市东湖新技术开发区华工科技园	邮编:430223
录　　排:武汉市洪山区佳年华文印部	
印　　刷:武汉市首壹印务有限公司	
开　　本:787mm×1092mm　1/16	
印　　张:11	
字　　数:275 千字	
版　　次:2022 年 7 月第 1 版第 3 次印刷	
定　　价:34.80 元	

本书若有印装质量问题,请向出版社营销中心调换
全国免费服务热线:400-6679-118　竭诚为您服务
版权所有　侵权必究

前　　言

采用 ARM 技术知识产权(IP)的微处理器,即我们通常所说的 ARM 微处理器,已遍及工业控制、消费类电子产品、通信系统、网络系统、无线系统等各类市场,基于 ARM 技术的微处理器应用占据了 32 位 RISC 微处理器 90％以上的市场份额,ARM 技术正在逐步渗入我们生活的各个方面。ARM 已成为嵌入式的代名词,学习嵌入式就是学习 ARM。

ARM Cortex 系列提供了一个标准的体系结构来满足以上各种技术的不同性能要求,其包含的处理器是基于 ARMv7 架构的三个分工明确的部分。A 部分面向复杂的尖端应用程序,用于运行开放式的复杂操作系统;R 部分针对实时系统;M 部分为成本控制和微控制器的应用提供优化。

面对丰富多彩的嵌入式世界,我们该如何选择学习的内容与形式呢？

ARM 公司 1985 年开发出全球第一款商业 RISC 处理器,ARM7 于 1993 年推出,之后还有 ARM9、ARM11,得到大量运用。2004 年开始推出更新的 ARM Cortex-M3、A8、A9、A15,取代 ARM7、ARM9、ARM11,广泛运用在嵌入式领域中。

Cortex-M3 是首款基于 ARMv7-M 架构的处理器,是行业领先的 32 位处理器,适用于具有高确定性的实时应用,是专门为了在微控制器、汽车车身系统、工业控制系统和无线网络等对功耗和成本敏感的嵌入式应用领域实现高系统性能而设计的,它大大简化了编程的复杂性,使 ARM 架构成为各种应用方案(即使是最简单的方案)的上佳选择。

因此我们可以先开始学习 ARM Cortex-M3,它取代 8 位/16 位单片机和 ARM7 已经成为必然;接下来还可以进一步选择学习 ARM9 或者 ARM Cortex-A8。

为了更好地进行嵌入式教学,我们应该积极动手实践,可以自己设计制作一块基于 ARM Cortex-M3 的 STM32 实验/开发板。笔者于 2010 年 3 月设计了基于 STM32F103VBT6 的 AS-05 型"STM32-SS 实验板",2013 年 9 月又设计了基于 STM32F103VET6 的 AS-07 型"STM32＋ARDUINO 实验板",用于自己的学习与教学中。如果有需要本教材中的实验/开发板和程序,请与作者联系。

笔者 2011 年 9 月编写了本书初稿,经过 7 年的教学实践,逐步修改完善。

周银祥　副教授/高工
2018 年 6 月 6 日

目　　录

第 1 章　嵌入式系统概述 ·· (1)
   1.1　嵌入式系统的定义 ·· (3)
      1.1.1　嵌入式系统的定义 ·· (3)
      1.1.2　嵌入式系统的结构与组成 ·· (4)
      1.1.3　嵌入式系统的发展与趋势 ·· (5)
   1.2　ARM 公司与 ARM 处理器 ·· (6)
      1.2.1　英国 ARM 公司 ··· (6)
      1.2.2　ARM 微处理器 ··· (7)
      1.2.3　ARM 典型微处理器简介 ·· (10)
   1.3　思考与练习 ·· (13)
   1.4　课外阅读 ·· (13)

第 2 章　ARM Cortex-M3 微处理器 ·· (14)
   2.1　ARM Cortex-M3 概述 ··· (14)
      2.1.1　ARM 的 Cortex-M3 核心内嵌闪存和 SRAM ························ (16)
      2.1.2　内置闪存存储器 ·· (18)
      2.1.3　CRC(循环冗余校验)计算单元 ··· (18)
      2.1.4　内置 SRAM ··· (19)
      2.1.5　FSMC(可配置的静态存储器控制器) ································· (19)
      2.1.6　LCD 并行接口 ·· (19)
      2.1.7　嵌套的向量式中断控制器(NVIC) ···································· (19)
      2.1.8　外部中断/事件控制器(EXTI) ··· (19)
      2.1.9　时钟和启动 ··· (20)
      2.1.10　自举模式 ··· (21)
      2.1.11　供电方案 ··· (21)
      2.1.12　供电监控器 ·· (21)
      2.1.13　电压调压器 ·· (21)
      2.1.14　低功耗模式 ·· (22)
      2.1.15　DMA ··· (22)
      2.1.16　RTC(实时时钟)和后备寄存器 ······································· (22)
      2.1.17　定时器和看门狗 ·· (23)
      2.1.18　I2C 总线 ··· (24)
      2.1.19　通用同步/异步收发器(USART) ····································· (24)
      2.1.20　串行外设接口(SPI) ··· (25)

2.1.21　I2S(芯片互联音频)接口 ·· (25)
　　2.1.22　SDIO ·· (25)
　　2.1.23　控制器区域网络(CAN) ·· (25)
　　2.1.24　通用串行总线(USB) ·· (25)
　　2.1.25　通用输入/输出接口(GPIO) ·· (26)
　　2.1.26　ADC(模拟/数字信号转换器) ·· (26)
　　2.1.27　DAC(数字/模拟信号转换器) ·· (26)
　　2.1.28　温度传感器 ·· (26)
　　2.1.29　串行单线 JTAG 调试口(SWJ-DP) ·· (26)
　　2.1.30　内嵌跟踪模块(ETM) ·· (27)
2.2　STM32F103xx 引脚定义 ·· (27)
　　2.2.1　引脚分布图 ·· (27)
　　2.2.2　STM32F103xx 引脚定义 ·· (27)
2.3　存储器映像 ·· (29)
2.4　I/O 端口静态特性 ·· (31)
2.5　订货代码 ·· (32)
2.6　思考与练习 ·· (33)

第 3 章　ARM Cortex-M3 开发工具和环境 ·· (34)
3.1　软件开发环境 ·· (34)
　　3.1.1　RealView MDK 的安装 ·· (34)
　　3.1.2　STM32 下载编程软件 Flash Loader 的安装 ·································· (36)
　　3.1.3　STM32 硬件仿真器驱动程序的安装 ·· (36)
　　3.1.4　USB 转串口驱动的安装 ·· (37)
　　3.1.5　蓝牙硬件和软件的安装 ·· (43)
3.2　STM32 实验板 ·· (44)
　　3.2.1　STM32 最小系统板 ·· (44)
　　3.2.2　Nucleo 实验板 ·· (44)
　　3.2.3　AS-07 型 STM32 实验板 ·· (46)
　　3.2.4　ST 官方 STM3210E-EVAL 评估板 ·· (52)
3.3　ST 的库函数 ·· (53)
　　3.3.1　ST 的库函数的版本 ·· (53)
　　3.3.2　ST 的 V2.0.1 库函数 ·· (53)
　　3.3.3　ST 的 V2.0.1 库函数的工程模板和范例程序 ································ (54)
　　3.3.4　ST 的 V2.0.3 库函数 ·· (60)
　　3.3.5　ST 的 V2.0.3 库函数的工程模板和范例程序 ································ (60)
　　3.3.6　ST 的 V3.0.0 库函数 ·· (60)
　　3.3.7　ST 的 V3.0.0 库函数的工程模板和范例程序 ································ (61)
　　3.3.8　ST 的 V3.5.0 库函数 ·· (62)

3.3.9　ST 的 V3.5.0 库函数的工程模板和范例程序 ……………………………………（62）
　3.4　思考与练习 ……………………………………………………………………………（63）
第 4 章　STM32 基础入门 ……………………………………………………………………（64）
　4.1　GPIO 的结构及编程应用 ………………………………………………………………（64）
　　　4.1.1　GPIO 概述 …………………………………………………………………………（64）
　　　4.1.2　GPIO 寄存器 ………………………………………………………………………（65）
　　　4.1.3　GPIO 库函数 ………………………………………………………………………（69）
　　　4.1.4　复用功能 I/O(AFIO)和调试配置 ………………………………………………（71）
　　　4.1.5　AFIO 寄存器 ………………………………………………………………………（72）
　　　4.1.6　GPIO 编程应用 ……………………………………………………………………（73）
　4.2　STM32 的实验过程 ……………………………………………………………………（86）
　　　4.2.1　新建工程 ……………………………………………………………………………（86）
　　　4.2.2　编写源程序并添加到该工程中 ……………………………………………………（93）
　　　4.2.3　编译、链接、调试源程序 …………………………………………………………（98）
　　　4.2.4　仿真、调试程序,下载并运行验证程序 ……………………………………………（104）
　　　4.2.5　使用 ST 库函数范例和工程模板编程应用 ………………………………………（117）
　4.3　STM32 的复位与时钟 …………………………………………………………………（117）
　　　4.3.1　STM32 的复位 ……………………………………………………………………（117）
　　　4.3.2　STM32 的时钟 ……………………………………………………………………（117）
　　　4.3.3　RCC 寄存器 ………………………………………………………………………（119）
　　　4.3.4　RCC 库函数 ………………………………………………………………………（124）
　　　4.3.5　RCC 编程应用 ……………………………………………………………………（126）
　4.4　STM32 的中断和事件 …………………………………………………………………（137）
　　　4.4.1　嵌套向量中断控制器 ………………………………………………………………（137）
　　　4.4.2　外部中断/事件控制器(EXTI) ……………………………………………………（140）
　　　4.4.3　NVIC 和 EXTI 库函数 ……………………………………………………………（140）
　　　4.4.4　中断编程应用 ………………………………………………………………………（145）
　4.5　STM32 的串口通信 USART ……………………………………………………………（158）
　　　4.5.1　USART 概述 ………………………………………………………………………（159）
　　　4.5.2　USART 寄存器 ……………………………………………………………………（160）
　　　4.5.3　USART 库函数 ……………………………………………………………………（161）
　　　4.5.4　USART 编程应用 …………………………………………………………………（162）
　4.6　思考与练习 ……………………………………………………………………………（166）

第1章 嵌入式系统概述

本章首先向读者展示了典型的嵌入式产品,并且特别说明使用了什么处理器,然后给出了嵌入式的定义、组成和发展。

由于 ARM 处理器是目前主流的嵌入式处理器,因此本章也介绍了 ARM 公司及其 ARM 处理器,读者应该了解过去的主要产品 ARM7、ARM9、ARM11;更应该知道目前主要使用的 ARM Cortex 系列产品。

1946 年,世界上诞生了第一台电子数字计算机 ENIAC,但是由于体积庞大、价格昂贵,只能在机房由极少数科技人员使用。直到 1971 年出现了微处理器 Intel 4004,计算机才可能小型化和降低制造成本。1981 年,IBM 使用微处理器 Intel 8088 制造出第一台个人计算机 IBM PC(personal computer,个人计算机),以其小型、廉价、可靠性高等特点,使得计算机的使用范围迅速扩大。

PC 由于体积小,也称为微机。将 PC 嵌入到系统中,实现智能化控制,称作嵌入式计算机系统。因此,计算机逐步形成两个分支:通用计算机,嵌入式专用计算机。通用计算机性能高,运算速度快,功能强大;嵌入式专用计算机,只要合适于系统控制的要求就可以了。

让我们先来看几种嵌入式产品。

(1) 智能手机。

苹果 iPhone 5s(见图 1-1)。核心是基于 ARM v8 架构的 64 位的 A7 处理器,还有基于 ARM Cortex M3 高性能微控制器的 M7 协处理器 NXP LPC18A1 芯片。

(2) LED 显示屏控制卡和车辆识别系统。

现在大街小巷的店铺、车站、医院等都安装了 LED 显示屏,关键设备是控制卡(见图 1-2(a)),其微控制器使用的是 STM32F105。图 1-2(b)所示为作者设计的车辆识别系统,控制器是 STM32F103VET6,并使用了 LED 同步显示。

(3) 智能玩具。

四旋翼遥控飞行器,可以遥控它在地面跑、爬墙、空中飞行(见图 1-3),微控制器使用的是 STM8S005K6 和三轴陀螺仪 ITG3050。

乐高 NXT Mindstorms 2.0(8547),可编程智能旗舰玩具(见图 1-4),使用了 32 位 ARM7 微处理器 AT91SAM7S256 和 8 位 AVR 协处理器 ATmega48。

(4) 汽车电子器件。

汽车电子器件包含众多的各类微控制器、传感器等,运用 CAN 总线,实现了 ABS(anti-locked braking system,防抱死刹车系统)、ESP(electronic stability program,车身电子稳定系统)等(见图 1-5)。目前汽车电子技术的热点是车联网、无人驾驶等。

(5) 潜艇监控台。

军工产品也是嵌入式应用的重要领域,图 1-6 显示的是潜艇以及监控台的关键设备 INTEL CPU 工控机和基于 FPGA 的 1553B 通信卡。

图 1-1　智能手机 iPhone 5s

(a)　　　　　　　　　　　　　(b)

图 1-2　LED 显示屏控制卡和车辆识别显示

图 1-3　四旋翼遥控飞行器

图 1-4 乐高 NXT Mindstorms 2.0

TA device is used to connect to the MIL-STD-1553B data bus (national standards GOST 26765.52-87 and GOST R 52070-2003). Supported modes are bus controller (BC), remote terminal (RT), addressed message monitor (MTM) and addressed word monitor (MTW)

图 1-5 汽车电子器件　　　　图 1-6 潜艇监控台工控机和 1553B 通信卡

1.1 嵌入式系统的定义

1.1.1 嵌入式系统的定义

什么是嵌入式系统(embedded system)？

IEEE(国际电气和电子工程师协会)的定义：devices used to control, monitor, or assist the operation of equipment, machinery or plants（用于控制、监视或者辅助操作机器和设备的装置）。

嵌入式系统是以应用为中心,以计算机技术为基础,并且软硬件可裁剪,适用于应用系统对功能、可靠性、成本、体积、功耗有严格要求的专用计算机系统。

通俗地说,就是将计算机的硬件和软件嵌入应用系统,如消费电子、仪器仪表、网络通信、计算机外围设备、军事装备等产品中,构成具有自动控制,甚至智能控制的系统,即嵌入式系统。

1.1.2 嵌入式系统的结构与组成

嵌入式系统包括硬件和软件,如图1-7所示,一般由嵌入式处理器、嵌入式外围设备、嵌入式操作系统和嵌入式应用软件四个部分组成,用于实现对其他设备的控制、监视或管理等功能。

图1-7 嵌入式系统的结构

1. 嵌入式处理器

前面我们已经介绍了几个嵌入式产品,也说明了使用的是什么控制器或者处理器。据不完全统计,目前全世界嵌入式处理器的品种总量已经超过1000种,流行的体系结构有30多个系列,嵌入式处理器可分成下面几类。

(1) 嵌入式微处理器（embedded microprocessor unit, EMPU）。

嵌入式微处理器采用"增强型"通用微处理器。由于嵌入式系统通常应用于环境比较恶劣的环境中,因而嵌入式微处理器在工作温度、电磁兼容性以及可靠性方面的要求较通用的标准微处理器高。但是,嵌入式微处理器在功能方面与标准的微处理器基本上是一样的。嵌入式处理器目前主要有i386EX、Power PC、MIPS、ARM系列等。

(2) 嵌入式微控制器（microcontroller unit, MCU）。

嵌入式微控制器在我国又称单片机,它将输入和输出设备外的其他计算机系统集成到一块芯片中。嵌入式微控制器一般以某种微处理器内核为核心,根据某些典型的应用,在芯片内部集成了ROM、RAM、定时/计数器、看门狗、并行I/O端口、串行通信端口、脉宽调制输出、ADC、DAC等各种必要功能部件和可选的片内外设,这些都通过总线连接起来。比较有代表性的就是MCS-51、ATMEGA AVR、STM32等。

(3) 嵌入式DSP处理器（embedded digital signal processor, EDSP）。

在数字信号处理应用中,各种数字信号处理算法相当复杂,一般结构的处理器无法实时地完成这些运算。由于DSP处理器对系统结构和指令进行了特殊设计,使其适合于实时地进行数字信号处理,在数字滤波、FFT、谱分析等方面,DSP算法正大量进入嵌入式领域。

嵌入式DSP处理器比较有代表性的产品是TI的TMS320系列,包括用于控制的C2000系列、移动通信的C5000系列,以及性能更高的C6000和C8000系列。

(4) 嵌入式片上系统（system on chip, SOC）。

随着半导体技术的迅速发展,可以用VHDL、Verlog等硬件描述语言,在现场可编程门阵列（field programmable gate array, FPGA）上实现一个更为复杂的系统,这就产生了SOC技术。

2. 嵌入式外围设备

嵌入式外围设备指在一个嵌入式硬件系统中,除了核心控制部件(MCU、EMPU、EDSP、SOC)以外的完成如采集存储数据、通信、输入/输出控制和显示等功能的其他部件。

3. 嵌入式操作系统

嵌入式操作系统(embedded operating system,EOS)是一种支持嵌入式系统应用的操作系统软件,它是嵌入式系统(包括硬、软件系统)极为重要的组成部分,通常包括与硬件相关的底层驱动软件、系统内核、设备驱动接口、通信协议、图形界面等。

嵌入式操作系统具有通用操作系统的基本特点,比如能够有效地管理越来越复杂的系统资源;能够把硬件虚拟化,使得开发人员从繁忙的驱动程序移植和维护中解脱出来;能够提供库函数、驱动程序、工具集以及应用程序。

据不完全统计,嵌入式操作系统有 40 种左右。常见的嵌入式系统有:Linux、uClinux、WinCE、Android、iOS、PalmOS、Symbian、uCOS-II、VxWorks、Nucleus、RT_Thread 等。

4. 嵌入式应用软件

嵌入式应用软件是针对特定应用领域,基于某一固定的硬件平台,用来达到用户预期目标的程序软件,包括浏览器、文字处理软件、通信软件、多媒体软件以及各种行业应用软件等。

1.1.3 嵌入式系统的发展与趋势

1. 嵌入式系统的发展史是计算机技术发展史的重要组成部分

1946 年电子数字计算机 ENIAC 诞生,1971 年微处理器 Intel 4004 出现,1981 年微型计算机 IBM PC(8088CPU)制造出来,开始逐步普及。

计算机技术发展逐步形成两大分支,通用计算机系统和专用嵌入式计算机系统。

20 世纪 90 年代,由于计算机与计算机网络的高速发展,人类进入信息化时代。

特别是近年来智能手机和平板电脑的快速普及,嵌入式、移动互联、物联网三大技术彻底改变了我们的生活。

2. 嵌入式总量开始超过传统 PC

嵌入式处理器从 8 位、16 位、32 位到 64 位飞速发展,ARM Cortex M0、M3 逐步取代 MCS-51、MSP430、PIC 等传统单片机,ARM Cortex-A8、A9 等在智能手机、平板电脑等领域取得了巨大的成功,64 位 ARM 处理器将逐步应用。

Intel Atom Z2580 等处理器应用在手机中,表明了 Intel 重回嵌入式处理器领域。

嵌入式操作系统已出现了 iOS 和 Andriod 两强齐头并进的良好局面;更可喜的是微软也推出支持 x86 和 ARM 处理器的 Windows8,支持桌面 PC、便携式计算机和手机的 Windows10 也已经发布。

嵌入式系统将向更多接口如 USB、CAN 等,更多无线网络如 Zigbee、WiFi、Internet 等发展,也会高度集成为 SOC 等。

可以说,我们生活在一个嵌入式系统随处可见的世界。

1.2 ARM 公司与 ARM 处理器

1.2.1 英国 ARM 公司

ARM 即 Advanced RISC Machines 的缩写,既可以认为这是一个公司的名字,也可以认为这是对一类微处理器的通称,还可以认为这是一种技术的名称。

ARM Holdings 是全球领先的半导体 IP(intellectual property,知识产权)提供商,并因此在数字电子产品的开发中处于核心地位。ARM 的总部位于英国剑桥,拥有 2000 多名员工,并且在全球范围内设立了多个办事处,包括位于中国台湾、法国、印度、瑞典和美国的设计中心。

ARM 公司的几大亮点:全球领先的半导体 IP 公司,成立于 1990 年,目前为止已销售超过 200 亿个基于 ARM 的芯片,向 250 多家公司出售了 800 个处理器许可证,并获得了所有基于 ARM 的芯片的版税,赢得了长期成长型市场的市场份额,ARM 的收益增速通常要比整个半导体行业快。

ARM 的商业模式主要涉及 IP 的设计和许可,而非生产和销售实际的半导体芯片。ARM 向合作伙伴(包括全球领先的半导体和系统公司)授予 IP 许可。这些合作伙伴可利用 ARM 的 IP 设计创造和生产片上系统设计,但需要向 ARM 支付原始 IP 的许可费用并为每块生产的芯片或晶片交纳版税。除了处理器 IP 外,ARM 还提供了一系列工具、物理和系统 IP 来优化片上系统设计(见图 1-8)。

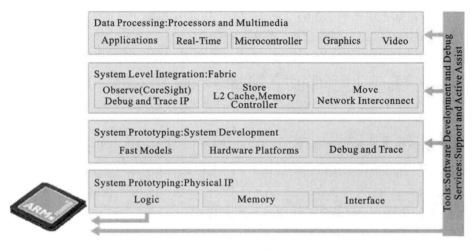

图 1-8 ARM 产品

正因为 ARM 的 IP 多种多样,以及支持基于 ARM 的解决方案的芯片和软件体系十分庞大,全球领先的原始设备制造商(OEM)都在广泛使用 ARM 技术,应用领域涉及手机、数字机顶盒以及汽车制动系统和网络路由器。目前,ARM 技术已在 95% 的智能手机、80% 的数码相机以及 35% 的所有电子设备中得到应用。

ARM 微处理器无疑已成为主流嵌入式处理器,为了比较全面地了解嵌入式处理器和关键技术的发展，我们有必要了解一下 ARM 公司发展的里程碑事件。

2012 年：ARM 与 TSMC 共同研发适用于下一代 64 位 ARM 处理器的 FinFET 处理技术，ARM 举办了英国首个以创建"物联网"设备技术蓝图为主题的论坛。

2011 年：Microsoft 在 CES 2011 上推出了基于 ARM 的 Windows，Cortex-A7 处理器发布，Big.LITTLE 处理技术发布，将 Cortex-A15 和 Cortex-A7 处理器连接在一起。

2010 年：ARM 为实现高性能的数字信号控制推出了 Cortex-M4 处理器，Microsoft 成为 ARM 架构授权使用方。

2009 年：ARM 宣布实现具有 2GHz 频率的 Cortex-A9 双核处理器，ARM 推出体积最小、功耗最低和能效最高的处理器 Cortex-M0。

2007 年：向移动设备市场售出 50 亿台 ARM Powered 处理器，发布了 ARM Cortex-M1 处理器，它是第一款专为 FPGA 的实现设计的 ARM 处理器，发布了 AMBA 自适应验证 IP，ARM 推出 Cortex-A9 处理器以实现可扩展性能和低功耗设计。

2005 年：ARM 发布 Cortex-A8 处理器。

2004 年：基于 ARMv7 架构的 ARM Cortex 系列处理器发布，同时还发布了这个新处理器系列的首款产品 ARM Cortex-M3，ARM 发布作为新型 Cortex 处理器内核系列中首款的 Cortex-M3 处理器。

2003 年：发布 AMBA 3.0（AXI）方法。

2002 年：ARM 宣布到目前为止已销售 10 亿多颗微处理器核，ARM 发布 ARM11 微架构，ARM 发布 RealView 开发工具系列。

2001 年：ARM 在 32 位嵌入式 RISC 微处理器市场的份额已增至 76.8%，ARM 发布新型 ARMv6 架构。

1999 年：ARM 发布可合成的 ARM9E 处理器，提高了信号的处理能力。

1998 年：ARM 开发了可合成的 ARM7TDMI 核心版本。

1997 年：发布了 ARM9TDMI 系列。

1993 年：ARM 推出 ARM7 核心。

1985 年：Acorn Computer Group 开发出全球第一款商业 RISC 处理器。

> 背景知识：
> RISC 的全称是精简指令集计算机（reduced instruction set computer），它支持的指令比较简单，所以功耗小、价格便宜，特别适合移动设备。
> CISC 的全称是复杂指令集计算机（complex instruction set computer）。在 CISC 指令集中，各种指令使用频率相差悬殊。显然，CISC 结构虽然指令全面、功能强大，但程序代码体积庞大，不适合嵌入式系统。

1.2.2 ARM 微处理器

ARM 处理器分为：ARM7 系列、ARM9 系列、ARM9E 系列、ARM10E 系列、SecurCore 系列、Intel 的 StrongARM、ARM11 系列、Intel 的 Xscale 系列，其中，ARM7、ARM9、ARM9E 和 ARM10 系列为 4 个通用处理器系列，每一个系列提供一套相对独特的性能来

满足不同应用领域的需求。SecurCore 系列专门为安全要求较高的应用而设计。

ARM 公司在经典处理器 ARM11 以后的产品改用 Cortex 命名,并分成 A、R、M 三类,旨在为各种不同的市场提供服务。ARM 微处理器产品系列如图 1-9 所示。

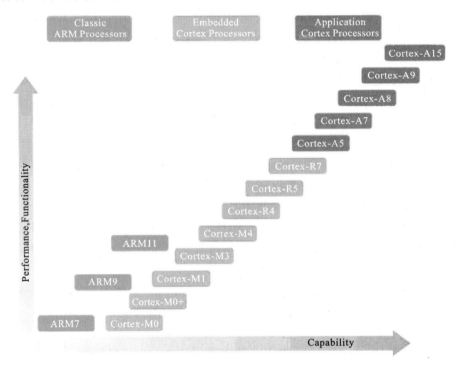

图 1-9　ARM 微处理器系列(1)

说明:图 1-9 来源于 ARM 官方网站 http://www.arm.com/,时间为 2013 年;2014 年已经增加了新的 A50 系列,删除了经典系列(见图 1-10)。

1. ARM Cortex™-A 系列——开放式操作系统的高性能处理器

Cortex 应用程序处理器在高级工艺节点中可实现高达 2 GHz+ 标准频率的卓越性能,从而可支持下一代的移动 Internet 设备。这些处理器具有单核和多核种类,最多可提供四个具有可选 NEON™ 多媒体处理模块和高级浮点执行单元的处理单元。

应用包括:智能手机、智能本和上网本、电子书阅读器、数字电视、家用网关,以及各种其他产品。

2. ARM Cortex 嵌入式处理器

Cortex-R 系列,面向实时应用的卓越性能。

Cortex-M 系列,面向具有确定性的微控制器应用的成本敏感型解决方案。

Cortex 嵌入式处理器旨在为各种不同的市场提供服务。Cortex-M 系列处理器主要是针对微控制器领域开发的,在该领域中,既需进行快速且具有高确定性的中断管理,又需将门数和可能功耗控制在最低。而 Cortex-R 系列处理器的开发则面向深层嵌入式实时应用,对低功耗、良好的中断行为、卓越性能以及与现有平台的高兼容性这些需求进行了平衡考虑。

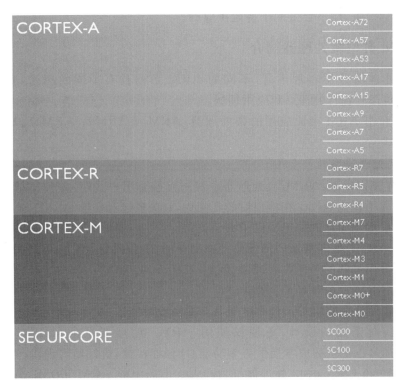

图 1-10　ARM 微处理器系列(2)

应用包括：微控制器、混合信号设备、智能传感器、汽车电子器件和气囊、汽车制动系统、动力传动解决方案、大容量存储控制器、联网和打印。

3. 经典 ARM 处理器

ARM11™ 系列，基于 ARMv6 架构的高性能处理器。

ARM9™ 系列，基于 ARMv5 架构的常用处理器。

ARM7™ 系列，面向普通应用的经典处理器。

ARM 经典处理器适用于那些希望在新应用中使用经过市场验证技术的组织。这些处理器提供了许多的特性、卓越的功效和范围广泛的操作能力，适用于成本敏感型解决方案。这些处理器每年都有数十亿的发货量，因此可确保设计者获得最广泛的体系和资源，从而最大限度地减少集成过程中出现的问题并缩短上市时间。

4. ARM 专家处理器

SecurCore™，面向高安全性应用的处理器。

FPGA Cores，面向 FPGA 的处理器。

ARM 专家处理器旨在满足特定市场的苛刻需求。SecurCore 处理器在安全市场中用于手机 SIM 卡和识别应用，集成了多种既可为用户提供卓越性能，又能检测和避免安全攻击的技术。

ARM 还开发了面向 FPGA 构造的处理器，在保持与传统 ARM 设备兼容的同时，方便用户产品快速上市。此外，这些处理器具有独立于构造的特性，因此开发人员可以根据应用选择相应的目标设备,而不会受制于特定供应商。

1.2.3 ARM 典型微处理器简介

ARM 微处理器种类非常丰富,不同的 ARM 系列具有不同的用途,每一个系列的 ARM 微处理器都有各自的特点和应用领域。

下面分别介绍 ARM 主流应用的微处理器:ARM7、ARM9、ARM11、Xscale、Cortex-M3、Cortex-A8 等。

1. ARM7 处理器系列

自 1994 年推出以来,ARM7™处理器系列一直很受用户欢迎,并且已帮助 ARM 架构在数字领域确立了领先地位。在推出后的几年中,100 多亿台基于 ARM7 处理器系列的设备为众多关注成本和功耗的应用提供了大量支持。

虽然现在 ARM7 处理器系列仍用于某些简单的 32 位设备,但是,更新的嵌入式设计正在越来越多地使用最新的 ARM 处理器(例如 Cortex-M0 和 Cortex-M3 处理器),这些处理器在技术上比 ARM 7 系列有了显著改进。

(1) 嵌入式设计中使用 Cortex-M3 替代 ARM7。

特别注意,对于新的设计,不建议使用 ARM7 处理器系列(ARM7TDMI(S) 和 ARM7EJ-S),通过以更低的成本提供更多功能、增强连接性、更好地实现代码重用和提高能效的 Cortex-M0 和 Cortex-M3 处理器可为嵌入式市场中的 ARM7TDMI-S 用户提供大量优秀的升级替代产品,从而为未来的嵌入式应用提供支持。

(2) ARM7 微处理器系列的特点。

① ARM7 内核为低功耗的 32 位 RISC 处理器,其采用冯·诺依曼体系结构。

② 具有嵌入式 ICE-RT 逻辑,无论调试还是开发都很方便。

③ 极低的功耗,适合对功耗要求较高的应用,如便携式产品。

④ 能够提供 0.9MIPS/MHz 的三级流水线结构。

⑤ 代码密度高并兼容 16 位的 Thumb 指令集。

⑥ 支持 uCLinux。

⑦ 指令系统与 ARM9 系列、ARM9E 系列和 ARM10E 系列兼容,便于用户程序的升级和产品的更新换代。

⑧ 主频最高可达 130MIPS。

(3) ARM7 系列内核。

ARM7 包括多个分支:ARM7TDMI、ARM7TDMI-S、ARM720T、ARM7EJ。

(4) ARM7TMDI 的含义。

ARM7TMDI 是目前使用最广泛的 32 位嵌入式 RISC 处理器内核,属低端 ARM 处理器内核。其中,TDMI 的基本含义如下。

T:支持 16 位压缩指令集 Thumb。

D:支持片上 Debug。

M:内嵌硬件乘法器(multiplier)。

I:嵌入式 ICE,支持片上断点和调试点。

(5) ARM7 著名产品。

ARM7 著名产品有 LPC2148 等，恩智浦半导体（NXP）的 LPC2141/42/44/46/48 微控制器基于 32 位 ARM7TDMI-S CPU，该 CPU 支持实时仿真和嵌入式跟踪，将该微控制器与 32 KB 至 512 KB 的嵌入式高速 Flash 存储器相结合。

2．ARM9 系列微处理器

ARM9 系列微处理器为可综合处理器，已售出 50 多亿台，是迄今最受欢迎的 ARM 处理器。ARM9 系列微处理器不断在众多产品和应用中得到成功部署。

ARM9 系列微处理器能够提供可靠、低风险且易用的设计，从而降低成本并加快产品上市的速度。

ARM9 系列微处理器包括三种内核的处理器：ARM926EJ-S、ARM946E-S 和 ARM968E-S。

(1) ARM9 系列微处理器的主要特点。

① 支持 DSP 指令集，适合需要高速数字信号处理的场合。

② 5 级整数流水线，指令执行效率更高。

③ 支持 32 位 ARM 指令集和 16 位 Thumb 指令集。

④ 支持 32 位的高速 AMBA 总线接口。

⑤ 支持 VFP9 浮点处理协处理器。

⑥ 内含全性能 MMU。

⑦ 内含 MPU，支持实时操作系统。

⑧ 支持数据 Cache 和指令 Cache。

⑨ 主频最高可达 300MIPS。

(2) 应用范围。

ARM9 处理器是多种应用中先进数字产品的核心，它为要求严格、成本敏感的嵌入式应用程序提供了确定的高性能和灵活性。丰富的 DSP 扩展使 SOC 设计不再需要单独的 DSP。

(3) 稳健路线图。

ARM9 系列具有与最新 Cortex 处理器相关的稳健路线图，Cortex-A 和 Cortex-R 系列提供了强大的、功能丰富的备选产品，有助于轻松地将 ARM9 设计迁移至下一代。

(4) ARM9 著名产品。

著名的 ARM9 产品有 S3C2410 等，S3C2410 处理器是三星（Samsung）公司基于 ARM 公司的 ARM920T 处理器核，采用 FBGA 封装，采用 0.18 μm 制造工艺的 32 位微控制器。

3．ARM11 微处理器

ARM11 系列微处理器所提供的引擎可用于当前生产领域中的很多智能手机，还广泛用于消费类、家庭和嵌入式应用程序。该处理器的功耗非常低，提供的性能范围为小面积设计中的 350 MHz 到速度优化设计中的 1 GHz（45 nm 和 65 nm）。ARM11 微处理器软件可以与以前所有的 ARM 处理器兼容，并引入了用于多媒体处理的 32 位 SIMD、用于提高操作系统上下文切换性能的物理标记高速缓存、强制实施硬件安全性的 TrustZone，以及针对实时应用的紧密耦合内存。

(1) 风险低且上市速度快。

ARM11是经认可、易于理解并得到广泛部署的处理器系列,经过预先验证的支持组件,以低成本设计获得高性能,在 $2mm^2$ 下,以 65 nm 达到 800 MHz 至 1 GHz 以上。包含ARM11 MPCore™ 的 SMP 集群中有 1 到 4 个内核,ARM 系统 IP、物理 IP 和可用的第三方设计支持,通过 AMBA® AHB-AXI 桥构造,简化了 ARM926/AHB 到 ARM11/AXI 的移植过程。

(2) 卓越的最终用户体验。

在媒体、操作系统和浏览器性能方面,比 ARM926EJ-S™ 处理器有显著改进。智能手机、Web 浏览器及丰富的软件和工具生态体系,可与 Mali-200 组合,提供 Open GL ES 2.0 支持。

(3) ARM11 著名产品。

著名的 ARM11 产品有 S3C6410 等。S3C6410 是三星(Samsung)公司基于 ARM1176JZF-S 核的用于手持、移动等终端设备的通用处理器。

4. XScale 微处理器

XScale 是英特尔公司基于 ARMv5TE 架构设计的一系列 ARM 微处理器。

XScale 包含几个不同的系列:IXP、IXC、IOP、PXA 和 CE,后来的一些模型设计为 SOC。英特尔于 2006 年 6 月将 PXA 系列产品销售给 Marvell 公司,Marvell 随后将该品牌扩展到包括其他微体系结构的处理器,如 ARM 的 Cortex。

XScale 是英特尔 StrongARM 系列微处理器和微控制器的继承者,英特尔使用 StrongARM 取代过时的 RISC 处理器 i860 和 i960。

英特尔公司于 2004 年推出了性能强劲的 PXA27x 系列嵌入式处理器,包括 PXA270、PXA271 和 PXA272 处理器。PXA270 具有四种不同的速度:312 MHz、416 MHz、520 MHz 和 624 MHz,是一款 XScale 著名产品,笔者 2006 年购买的 Linux 操作系统手机 Motorola ROKR E6 的 CPU 就是 32 位的 Intel XScale PXA270,主频是 312 MHz。

5. Cortex-M3 微处理器

Cortex-M3 微处理器采用 ARMv7-M 哈佛处理器架构。

指令集架构(ISA)支持 Thumb/Thumb-2,三级流水线,不可屏蔽中断(NMI),有 1 到 240 个物理中断,8 到 256 个中断优先级,具有睡眠模式、硬件乘除法器、可选的 JTAG 和串行线调试端口,以及可选的指令和数据跟踪(ETM)调试等。

著名的 Cortex-M3 微处理器产品有 STM32F103。STM32F1 系列属于中低端的 32 位 ARM 微控制器,该系列芯片是意法半导体(ST)公司出品,其内核是 Cortex-M3。该系列芯片按片内 Flash 的大小可分为三大类:小容量(16 K 和 32 K)、中容量(64 K 和 128 K)、大容量(256 K、384 K 和 512 K)。

本教材介绍的就是 Cortex-M3 微处理器。

6. Cortex-A8/A9 微处理器

Cortex-A8 处理器是第一款基于 ARMv7 架构的应用处理器。

Cortex-A8 于 2005 年首次推出,是第一款支持 ARMv7-A 架构的处理器。目前 Cortex-A8 处理器已被 Cortex-A15 和 Cortex-A17 处理器所取代,但它在高效高性能 32 位计算竞争中处于领先地位,并且仍在广泛部署很多嵌入式应用。

著名的 Cortex-A8 微处理器有 S5PC110 和 S5PV210,又名"蜂鸟"(Hummingbird),是三星 2010 年推出的一款适用于智能手机和平板电脑等多媒体设备的应用处理器。

Cortex-A9 处理器是性能和功耗优化的多核处理器,性能优于 Cortex-A8 处理器 50%。Cortex-A9 适用于需要具有竞争力的电源效率低功耗、成本敏感的 32 位处理器,广泛应用于消费、网络、企业和移动应用等产品。

著名的 Cortex-A9 微处理器有 Exynos4412,或称"三星猎户座",是三星 2012 年推出的一款适用于智能手机和平板电脑等多媒体设备的四核应用处理器。三星 Galaxy Note 2 (GT-N7100)就是使用了 Exynos 4412。

本课程的后续课程就是学习 Cortex-A8/A9 微处理器。

1.3 思考与练习

1. 嵌入式的定义是什么?请结合具体的产品说明一下。
2. 到 ARM 公司官方网站阅读有关 ARM 处理器的资料,了解 ARM 处理器的知识。
3. 查找 ARM Cortex-M3、A8 实验/开发板,了解相关的介绍。

1.4 课外阅读

1. ARM 公司。
2. 智能手机和平板电脑超过全球 PC 出货总量。
3. 手机芯片战争:英特尔苦追 ARM,联发科挑战高通。
4. 白牌平板电脑芯片的那些秘密之瑞芯微。

第 2 章　ARM Cortex-M3 微处理器

　　ARM Cortex-M3 是新一代中端的嵌入式处理器，目前正在逐步取代简单的 8 位、16 位单片机和老一代的 ARM7。

　　本章介绍了主流的 Cortex-M3 处理器中的 STM32F103 系列。

　　重点掌握：STM32F103 系列处理器的内部结构框图、外部引脚、时钟树、存储器映像。

　　ARM 公司于 1993 年推出 ARM7，1997 年推出 ARM9，2002 年发布 ARM11，宣布到此已销售 10 亿多颗微处理器核，取得了巨大的成功。

　　2004 年，ARM 发布作为新型 Cortex 处理器内核系列中首款的 Cortex-M3 处理器，开始逐步取代以前的旧产品（经典 ARM 处理器），对于新的设计，不建议使用 ARM7 处理器系列（ARM7TDMI(S) 和 ARM7EJ-S），也期望将 ARM9 和 ARM11 设计迁移至下一代 Cortex-A 和 Cortex-R 系列。

　　另外，由于 Cortex-M3、M0 处理器芯片的价格目前已经下降到以前的 8 位、16 位单片机的价格，个别 M3、M0 的价格甚至更低，而片内配置和性能又高出许多，所以目前 Cortex-M3、M0 正在逐步取代 8 位、16 位单片机和 ARM7。

　　对于刚接触嵌入式的工程技术人员，用 Cortex-M3 来学习无疑是最好的选择。

　　ST（意法半导体）的 STM32 系列和 TI（德州仪器）的 LM3S 系列是最先生产和目前广泛使用的主流 ARM Cortex-M3 微处理器。本教材选择了 STM32 系列中典型的 STM32F103VET6，从本章开始的知识均围绕着该芯片展开。

　　学习 STM32F103VET6 微处理器的使用，必须先了解该微处理器的内部结构，再具体学习内部功能部分的编程应用。因此，我们到 ST 官方网站下载 STM32F103VET6 微处理器的数据手册、固件库手册、参考手册、范例程序。本章内容就是数据手册的摘要，重点要掌握 STM32F103 系列处理器的内部结构框图、外部引脚、时钟树、存储器映像，其他知识有所了解就可以了；后面的章节就是深入、具体地根据参考手册、固件库手册以及范例程序来学习编程应用，也是本教材的重要篇幅。

2.1　ARM Cortex-M3 概述

　　STM32F103xx 是一个完整的系列，其成员之间是完全脚对脚兼容，软件和功能上也兼容。在数据手册中，STM32F103x4 和 STM32F103x6 被归为小容量产品，STM32F103x8 和 STM32F103xB 被归为中等容量产品，STM32F103xC、STM32F103xD 和 STM32F103xE 被归为大容量产品。

　　STM32F103xC、STM32F103xD 和 STM32F103xE 增强型系列使用高性能的 ARM® Cortex™-M3 的 32 位 RISC 内核，工作频率为 72 MHz，内置高速存储器（高达 512 K 字节

的闪存和 64 K 字节的 SRAM),丰富的增强 I/O 端口和连接到两条 APB 总线的外设。所有型号的器件都包含 3 个 12 位的 ADC、4 个通用 16 位定时器和 2 个 PWM 定时器,还包含标准和先进的通信接口:多达 2 个 I2C 接口、3 个 SPI 接口、2 个 I2S 接口、1 个 SDIO 接口、5 个 USART 接口、一个 USB 接口和一个 CAN 接口。

STM32F103xx 大容量增强型系列工作于 −40 ℃至+105 ℃的温度范围,供电电压 2.0 V 至 3.6 V,一系列的省电模式均可保证低功耗应用的要求。

STM32F103xx 大容量增强型系列产品提供包括从 64 脚至 144 脚的 6 种不同的封装形式;根据不同的封装形式,器件中的外设配置不尽相同。

下面给出了该系列产品中所有外设的基本介绍。这些丰富的外设配置,使得 STM32F103xx 大容量增强型系列微控制器适合于多种应用场合:电动机驱动和应用控制,医疗和手持设备,PC 游戏外设和 GPS 平台,可编程控制器(PLC),变频器,打印机和扫描仪,警报系统,视频对讲和暖气通风空调系统等。

STM32F103xC、STM32F103xD 和 STM32F103xE 器件功能和外设配置见表 2-1。

表 2-1 STM32F103xx 产品功能和外设配置

外设		STM32F103Rx			STM32F103Vx			STM32F103Zx		
闪存(K 字节)		256	384	512	256	384	512	256	384	512
SRAM(K 字节)		48	64		48	64		48	64	
FSMC(静态存储器控制器)		无			有[1]			有		
定时器	通用	4 个(TIM2、TIM3、TIM4、TIM5)								
	高级控制	2 个(TIM1、TIM8)								
	基本	2 个(TIM6、TIM7)								
通信接口	SPI(I2S)[2]	3 个(SPI1、SPI2、SPI3),其中 SPI2 和 SPI3 可作为 I2S 通信								
	I2C	2 个(I2C1、I2C2)								
	USART/UART	5 个(USART1、USART2、USART3、UART4、UART5)								
	USB	1 个(USB2.0 全速)								
	CAN	1 个(2.0B 主动)								
	SDIO	1 个								
GPIO 端口		51			80			112		
12 位 ADC 模块(通道数)		3(16)			3(16)			3(21)		
12 位 DAC 转换器(通道数)		2(2)								
CPU 频率		72 MHz								
工作电压		2.0~3.6 V								
工作温度		−40 ℃~+85 ℃/−40 ℃~+105 ℃								
封装形式		LQFP64,WLCSP64			LQFP100,BGA100			LQFP144,BGA144		

2.1.1 ARM 的 Cortex-M3 核心内嵌闪存和 SRAM

ARM 的 Cortex-M3 处理器是最新一代的嵌入式 ARM 处理器,它为实现 MCU 的需要提供了低成本的平台、缩减的引脚数目、较低的系统功耗,同时提供卓越的计算性能和先进的中断系统响应。

ARM 的 Cortex-M3 是 32 位的 RISC 处理器,提供额外的代码效率,在通常的 8 位和 16 位系统的存储空间上发挥了 ARM 内核的高性能。

STM32F103xC、STM32F103xD 和 STM32F103xE 增强型系列拥有内置的 ARM 核心,因此它与所有的 ARM 工具和软件兼容。

图 2-1 是该系列产品的内部组成框图,图 2-2 是系统结构框图,由以下部分构成。

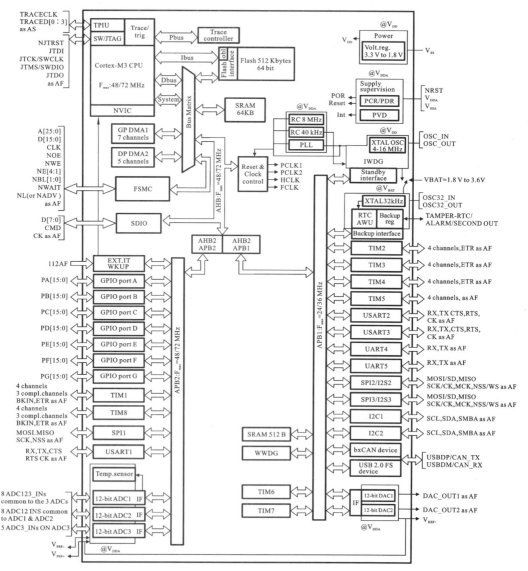

图 2-1　STM32F103xx 的内部组成框图

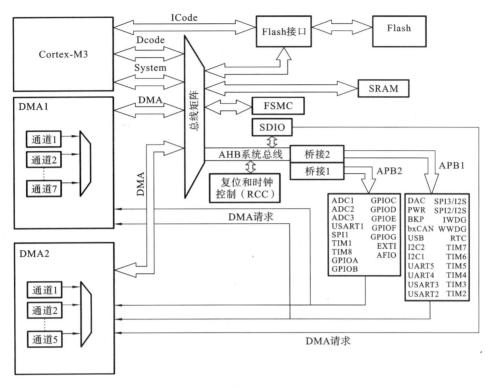

图 2-2 系统结构框图

(1) 四个驱动单元　Cortex-M3 内核 DCode 总线(D-bus),系统总线(System bus, S-bus),通用 DMA1 和通用 DMA2 (general-purpose DMA)。

(2) 四个被动单元　内部 SRAM,内部闪存存储器,FSMC,AHB 到 APB 的桥(AHB2APBx,它连接所有的 APB 设备)。

内部这些单元都是通过以下多级的 AHB 总线构架相互连接的。

(1) ICode 总线　该总线将 Cortex-M3 内核的指令总线(Instruction bus)与闪存指令接口相连接。指令预取在此总线上完成。

(2) DCode 总线　该总线将 Cortex-M3 内核的 DCode 总线与闪存存储器的数据接口(data interface)相连接(常量加载和调试访问)。

(3) 系统总线　系统总线(system bus)连接 Cortex-M3 内核的系统总线(外设总线)到总线矩阵,总线矩阵协调着内核和 DMA 间的访问。

(4) DMA 总线　此总线将 DMA 的 AHB 主控接口与总线矩阵相连,总线矩阵协调着 CPU 的 DCode 和 DMA 到 SRAM、闪存和外设的访问。

(5) 总线矩阵　总线矩阵(bus matrix)协调内核系统总线和 DMA 主控总线之间的访问仲裁,仲裁利用轮换算法。在互联型产品中,总线矩阵包含 5 个驱动部件(CPU 的 DCode、系统总线、以太网 DMA、DMA1 总线和 DMA2 总线)和 3 个从部件(FLITF(闪存存储器接口)、SRAM 和 AHB2APB 桥)。在其他产品中总线矩阵包含 4 个驱动部件(CPU 的 DCode、系统总线、DMA1 总线和 DMA2 总线)和 4 个被动部件(FLITF(闪存存储器接口)、

SRAM、FSMC 和 AHB2APB 桥)。

AHB 外设通过总线矩阵与系统总线相连,允许 DMA 访问。

(6) AHB/APB 桥(APB)　两个 AHB/APB 桥(bridges)在 AHB 和 2 个 APB 总线间提供同步连接。APB1 的操作速度限于 36 MHz,APB2 操作于全速(最高 72 MHz)。

注意:当对 APB 寄存器进行 8 位或者 16 位访问时,该访问会被自动转换成 32 位的访问,桥会自动将 8 位或者 32 位的数据扩展以配合 32 位的向量。

> 背景知识:高级微控制器总线架构 AMBA
>
> ARM 研发的 AMBA(advanced microcontroller bus architecture)提供一种特殊的机制,可将 RISC 处理器集成在其他 IP 芯核和外设中,2.0 版 AMBA 标准定义了三组总线:AHB(advanced high-performance bus,AMBA 高性能总线)、ASB(advanced system bus,AMBA 系统总线)和 APB(advanced peripheral bus,AMBA 外设总线)。AHB 用来研发宽带宽处理器芯核的片上总线。
>
> AHB 应用于高性能、高时钟频率的系统模块,它构成了高性能的系统骨干总线(back-bone bus)。它的主要特性是:数据突发传输,数据分割传输,流水线方式,一个周期内完成总线主设备(master)对总线控制权的交接,单时钟沿操作,内部无三态实现,更宽的数据总线宽度(最低 32 位,最高可达 1024 位,但推荐不要超过 256 位)。
>
> ASB 是第一代 AMBA 系统总线,同 AHB 相比,它的数据宽度要小一些,它支持的典型数据宽度为 8 位、16 位、32 位。
>
> APB 是本地二级总线(local secondary bus),通过桥和 AHB/ASB 相连。它主要是为了满足不需要高性能流水线接口或不需要高带宽接口的设备的互连。APB 通过桥将来自 AHB/ASB 的信号转换为合适的形式以满足挂在 APB 上的设备的要求。
>
> 桥要负责锁存地址、数据以及控制信号,同时要进行二次译码以选择相应的 APB 设备。

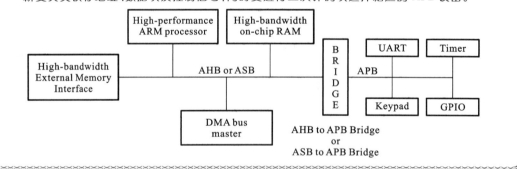

2.1.2　内置闪存存储器

高达 512K 字节的内置闪存存储器,用于存放程序和数据。

2.1.3　CRC(循环冗余校验)计算单元

CRC(循环冗余校验)计算单元使用一个固定的多项式发生器,从一个 32 位的数据字产生一个 CRC 码。

在众多的应用中,基于 CRC 的技术被用于验证数据传输或存储的一致性。在 EN/IEC 60335-1 标准的范围内,它提供了一种检测闪存存储器错误的手段,CRC 计算单元可以用于实时地计算软件的签名,并与在链接和生成该软件时产生的签名进行对比。

2.1.4 内置 SRAM

多达 64K 字节的内置 SRAM，CPU 能以 0 等待周期访问（读/写）。

2.1.5 FSMC（可配置的静态存储器控制器）

STM32F103xC、STM32F103xD 和 STM32F103xE 增强型系列集成了 FSMC 模块。它具有 4 个片选输出，支持 PC 卡/CF 卡、SRAM、PSRAM、NOR 和 NAND。

功能介绍：

（1）三个 FSMC 中断源，经过逻辑或连到 NVIC 单元；

（2）写入 FIFO；

（3）代码可以在除 NAND 闪存和 PC 卡外的片外存储器运行。

目标频率 f_{CLK} 为 $H_{CLK/2}$，即系统时钟为 72 MHz 时，外部访问是基于 36 MHz 时钟；系统时钟为 48 MHz 时，外部访问是基于 24 MHz 时钟。

2.1.6 LCD 并行接口

FSMC 可以配置成与多数图形 LCD 控制器的无缝连接，它支持 Intel 8080 和 Motorola 6800 的模式，并能够灵活地与特定的 LCD 接口连接。使用这个 LCD 并行接口可以很方便地构建简易的图形应用环境，或使用专用加速控制器的高性能方案。

2.1.7 嵌套的向量式中断控制器（NVIC）

STM32F103xC、STM32F103xD 和 STM32F103xE 增强型产品内置嵌套的向量式中断控制器，能够处理多达 60 个可屏蔽中断通道（不包括 16 个 Cortex™-M3 的中断线）和 16 个优先级。

（1）紧耦合的 NVIC 接口能够达到低延迟的中断响应处理；

（2）中断向量入口地址直接进入内核；

（3）紧耦合的 NVIC 接口；

（4）允许中断的早期处理；

（5）处理晚到的较高优先级中断；

（6）支持中断尾部连接功能；

（7）自动保存处理器状态；

（8）中断返回时自动恢复，无须额外指令开销。

该模块以最小的中断延迟提供灵活的中断管理功能。

2.1.8 外部中断/事件控制器（EXTI）

外部中断/事件控制器包含 19 个边沿检测器，用于产生中断/事件请求。每个中断线都可以独立地配置它的触发事件（上升沿或下降沿或双边沿），并能够单独地被屏蔽；有一个挂起寄存器维持所有中断请求的状态。EXTI 可以检测到脉冲宽度小于内部 APB2 的时钟周期。多达 80 个通用 I/O 口连接到 16 个外部中断线。

2.1.9 时钟和启动

系统时钟的选择是在启动时进行的,复位时内部 8 MHz 的 RC 振荡器被选为默认的 CPU 时钟,随后可以选择外部的、具有失效监控的 4～16 MHz 时钟;当检测到外部时钟失效时,它将被隔离,系统将自动地切换到内部的 RC 振荡器,如果使能中断,软件可以接收到同样的中断,在需要时可以采取对 PLL 时钟完全的中断管理(比如当一个间接使用的外部振荡器失效时)。

多个预分频器用于配置 AHB 的频率、高速 APB(APB2)和低速 APB(APB1)区域。AHB 和高速 APB 的最高频率是 72 MHz,低速 APB 的最高频率为 36 MHz(见图 2-3)。

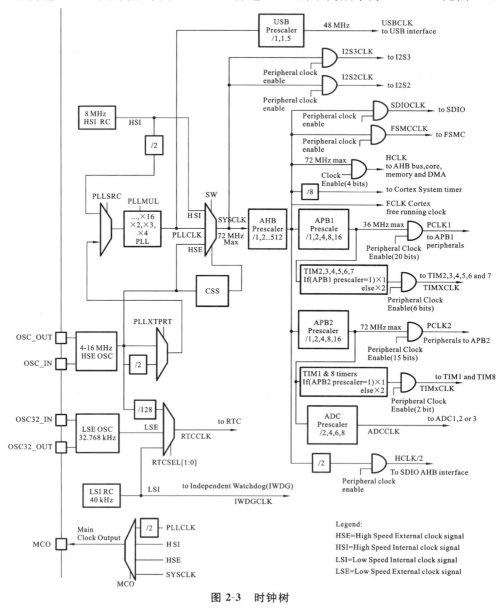

图 2-3 时钟树

说明：

(1) 当 HSI 作为 PLL 时钟的输入时，最高的系统时钟频率只能达到 64 MHz；

(2) 当使用 USB 功能时，必须同时使用 HSE 和 PLL，CPU 的频率必须是 48 MHz 或 72 MHz；

(3) 当需要 ADC 采样时间为 1μs 时，APB2 必须设置在 14 MHz、28 MHz 或 56 MHz。

2.1.10 自举模式

在启动时，通过自举引脚可以选择三种自举模式中的一种：

(1) 从程序闪存存储器自举；

(2) 从系统存储器自举；

(3) 从内部 SRAM 自举。

自举加载程序(Bootloader)存放于系统存储器中，可以通过 USART1 对闪存重新编程。

2.1.11 供电方案

(1) VDD=2.0～3.6 V，VDD 引脚为 I/O 引脚和内部调压器供电。

(2) VSSA/VDDA=2.0～3.6 V，为 ADC、复位模块、RC 振荡器和 PLL 的模拟部分提供电源。使用 ADC 时，VDDA 不得小于 2.4 V。VDDA 和 VSSA 必须分别连接到 VDD 和 VSS。

(3) VBAT=1.8～3.6 V，当关闭 VDD 时，通过内部电源切换器为 RTC、外部 32 kHz 振荡器和后备寄存器供电。

2.1.12 供电监控器

本产品内部集成了上电复位(POR)/掉电复位(PDR)电路，该电路始终处于工作状态，保证系统在供电超过 2 V 时工作；当 VDD 低于设定的阈值(VPOR/PDR)时，置器件于复位状态，而不必使用外部复位电路。

器件中还有一个可编程电压监测器(PVD)，它监视 VDD/VDDA 供电并与阈值 VPVD 比较，当 VDD 低于或高于阈值 VPVD 时产生中断，中断处理程序可以发出警告信息或将微控制器转入安全模式。PVD 功能需要通过程序开启。

2.1.13 电压调压器

调压器有三个操作模式：主模式(MR)、低功耗模式(LPR)和关断模式。

(1) 主模式(MR)用于正常的运行操作；

(2) 低功耗模式(LPR)用于 CPU 的停机模式；

(3) 关断模式用于 CPU 的待机模式：调压器的输出为高阻状态，内核电路的供电切断，调压器处于零消耗状态(但寄存器和 SRAM 的内容将丢失)。

该调压器在复位后始终处于工作状态，在待机模式下关闭高阻输出。

2.1.14 低功耗模式

STM32F103xC、STM32F103xD 和 STM32F103xE 增强型产品支持三种低功耗模式，可以在要求低功耗、短启动时间和多种唤醒事件之间达到最佳的平衡。

1. 睡眠模式

在睡眠模式，只有 CPU 停止，所有外设处于工作状态并可在发生中断/事件时唤醒 CPU。

2. 停机模式

在保持 SRAM 和寄存器内容不丢失的情况下，停机模式可以达到最低的电能消耗。在停机模式下，停止所有内部 1.8 V 部分的供电，PLL、HSI 的 RC 振荡器和 HSE 晶体振荡器被关闭，调压器可以被置于普通模式或低功耗模式。

可以通过任一配置成 EXTI 的信号把微控制器从停机模式中唤醒，EXTI 信号可以是 16 个外部 I/O 口之一、PVD 的输出、RTC 闹钟或 USB 的唤醒信号。

3. 待机模式

在待机模式下可以达到最低的电能消耗。内部的电压调压器被关闭，因此所有内部 1.8 V 部分的供电被切断；PLL、HSI 的 RC 振荡器和 HSE 晶体振荡器也被关闭；进入待机模式后，SRAM 和寄存器的内容将消失，但后备寄存器的内容仍然保留，待机电路仍工作。

从待机模式退出的条件是：NRST 上的外部复位信号复位、IWDG 复位、WKUP 引脚上的一个上升沿或 RTC 的闹钟到时。

说明：在进入停机或待机模式时，RTC、IWDG 和对应的时钟不会被停止。

2.1.15 DMA

灵活的 12 路通用 DMA(DMA1 上有 7 个通道，DMA2 上有 5 个通道)可以管理存储器到存储器、设备到存储器和存储器到设备的数据传输；2 个 DMA 控制器支持环形缓冲区的管理，避免了控制器传输到达缓冲区结尾时所产生的中断。

每个通道都有专门的硬件 DMA 请求逻辑，同时可以由软件触发每个通道；传输的长度、传输的源地址和目标地址都可以通过软件单独设置。

DMA 可以用于主要的外设：SPI、I2C、USART、通用、基本和高级控制定时器 TIMx、DAC、I2S、SDIO 和 ADC。

2.1.16 RTC(实时时钟)和后备寄存器

RTC 和后备寄存器通过一个开关供电，在 VDD 有效时该开关选择 VDD 供电，否则由 VBAT 引脚供电。后备寄存器(10 个 16 位的寄存器)可以用于在关闭 VDD 时，保存 20 个字节的用户应用数据。RTC 和后备寄存器不会被系统或电源复位源复位；当从待机模式唤醒时，也不会被复位。

实时时钟具有一组连续运行的计数器，可以通过适当的软件提供日历时钟功能，还具有闹钟中断和阶段性中断功能。RTC 的驱动时钟可以是一个使用外部晶体的 32.768 kHz 的振荡器、内部低功耗 RC 振荡器。内部低功耗 RC 振荡器的典型频率为 40 kHz。为补偿天然晶体的偏差,可以通过输出一个 512 Hz 的信号对 RTC 的时钟进行校准。RTC 具有一个 32 位的可编程计数器,使用比较寄存器可以进行长时间的测量。有一个 20 位的预分频器用于时基时钟,默认情况下时钟为 32.768 kHz 时,它将产生一个时长为 1 s 的时间基准。

2.1.17 定时器和看门狗

大容量的 STM32F103xx 增强型系列产品包含最多 2 个高级控制定时器、4 个普通定时器和 2 个基本定时器,以及 2 个看门狗定时器和 1 个系统嘀嗒定时器。

表 2-2 比较了高级控制定时器、普通定时器和基本定时器的功能。

表 2-2 定时器功能比较

定时器	计数器分辨率	计数器类型	预分频系数	产生 DMA 请求	捕获/比较通道	互补输出
TIM1 TIM8	16 位	向上,向下, 向上/下	1~65536 之间的任意整数	可以	4	有
TIM2 TIM3 TIM4 TIM5	16 位	向上,向下, 向上/下	1~65536 之间的任意整数	可以	4	没有
TIM6 TIM7	16 位	向上	1~65536 之间的任意整数	可以	0	没有

1. 高级控制定时器(TIM1 和 TIM8)

高级控制定时器(TIM1 和 TIM8)可以被看成是分配到 6 个通道的三相 PWM 发生器,它具有带死区插入的互补 PWM 输出,还可以被当成完整的通用定时器。四个独立的通道可以用于:

(1) 输入捕获;
(2) 输出比较;
(3) 产生 PWM(边缘或中心对齐模式);
(4) 单脉冲输出。

高级控制定时器配置为 16 位标准定时器时,它与 TIMx 定时器具有相同的功能;配置为 16 位 PWM 发生器时,它具有全调制能力(0~100%)。

在调试模式下,计数器可以被冻结,同时 PWM 输出被禁止,从而切断由这些输出所控制的开关。

高级控制定时器的很多功能都与标准的 TIM 定时器相同,内部结构也相同,因此高级控制定时器可以通过定时器链接功能与 TIM 定时器协同操作,提供同步或事件链接功能。

2. 通用定时器(TIMx)

STM32F103xC、STM32F103xD 和 STM32F103xE 增强型系列产品中,内置了多达 4 个可同步运行的标准定时器(TIM2、TIM3、TIM4 和 TIM5)。每个定时器都有一个 16 位的自动加载递加/递减计数器、一个 16 位的预分频器和 4 个独立的通道,每个通道都可用于输入捕获、输出比较、PWM 和单脉冲模式输出,在最大的封装配置中可提供最多 16 个输入捕获、输出比较或 PWM 通道。

它们还能通过定时器链接功能与高级控制定时器共同工作,提供同步或事件链接功能。在调试模式下,计数器可以被冻结。任一标准定时器都能用于产生 PWM 输出。每个定时器都有独立的 DMA 请求机制。

这些定时器还能够处理增量编码器的信号,也能处理 1 至 3 个霍尔传感器的数字输出。

3. 基本定时器(TIM6 和 TIM7)

这 2 个定时器主要是用于产生 DAC 触发信号,也可当成通用的 16 位时基计数器。

4. 独立看门狗

独立的看门狗是基于一个 12 位的递减计数器和一个 8 位的预分频器,它由一个内部独立的 40 kHz 的 RC 振荡器提供时钟;因为这个 RC 振荡器独立于主时钟,所以它可运行于停机和待机模式。它可以被当成看门狗用于在发生问题时复位整个系统,或作为一个自由定时器为应用程序提供超时管理。通过选项字节可以配置成软件或硬件启动看门狗。在调试模式下,计数器可以被冻结。

5. 窗口看门狗

窗口看门狗内有一个 7 位的递减计数器,并可以设置成自由运行。它可以被当成看门狗用于在发生问题时复位整个系统。它由主时钟驱动,具有早期预警中断功能;在调试模式下,计数器可以被冻结。

6. 系统时基定时器

这个定时器是专用于实时操作系统的,也可当成一个标准的递减计数器。它具有下述特性:

(1) 24 位的递减计数器;
(2) 自动重加载功能;
(3) 当计数器为 0 时能产生一个可屏蔽系统中断;
(4) 可编程时钟源。

2.1.18 I2C 总线

多达 2 个 I2C 总线接口,能够工作于多主模式或从模式,支持标准和快速模式。

I2C 接口支持 7 位或 10 位寻址,7 位从模式时支持双从地址寻址。内置了硬件 CRC 发生器/校验器。

它们可以使用 DMA 操作并支持 SMBus 总线(2.0 版)或者 PMBus 总线。

2.1.19 通用同步/异步收发器(USART)

STM32F103xC、STM32F103xD 和 STM32F103xE 增强型系列产品中,内置了 3 个通用同步/异步收发器(USART1、USART2 和 USART3)和 2 个通用异步收发器(UART4 和 UART5)。

这 5 个接口提供异步通信、支持 IrDA SIR ENDEC 传输编解码、多处理器通信模式、单线半双工通信模式和 LIN 主/从功能。

USART1 接口通信速率可达 4.5 兆位/秒,其他接口的通信速率可达 2.25 兆位/秒。

USART1、USART2 和 USART3 接口具有硬件的 CTS 和 RTS 信号管理、兼容 ISO7816 的智能卡模式和类 SPI 通信模式,除了 UART5 之外所有其他接口都可以使用 DMA 操作。

2.1.20 串行外设接口(SPI)

多达 3 个 SPI 接口,在从或主模式下,全双工和半双工的通信速率可达 18 兆位/秒。3 位的预分频器可产生 8 种主模式频率,可配置成每帧 8 位或 16 位。硬件的 CRC 产生/校验支持基本的 SD 卡和 MMC 模式。

所有的 SPI 接口都可以使用 DMA 操作。

2.1.21 I2S(芯片互联音频)接口

2 个标准的 I2S 接口(与 SPI2 和 SPI3 复用)可以工作于主或从模式,这 2 个接口可以配置为 16 位或 32 位传输,亦可配置为输入或输出通道,支持音频采样频率从 8 kHz 到 48 kHz。当任一个或两个 I2S 接口配置为主模式,它的主时钟可以以 256 倍采样频率输出给外部的 DAC 或 CODEC(解码器)。

2.1.22 SDIO

SD/SDIO/MMC 主机接口可以支持 MMC 卡系统规范 4.2 版中的 3 个不同的数据总线模式:1 位(默认)、4 位和 8 位。在 8 位模式下,该接口可以使数据传输速率达到 48 MHz,该接口兼容 SD 存储卡规范 2.0 版。

SDIO 存储卡规范 2.0 版支持两种数据总线模式:1 位(默认)和 4 位。

目前的芯片版本只能一次支持一个 SD/SDIO/MMC 4.2 版的卡,但可以同时支持多个 MMC 4.1 版或之前版本的卡。

除了 SD/SDIO/MMC,这个接口完全与 CE-ATA 数字协议版本 1.1 兼容。

2.1.23 控制器区域网络(CAN)

CAN 接口兼容规范 2.0A 和 2.0B(主动),位速率高达 1 兆位/秒。它可以接收和发送 11 位标识符的标准帧,也可以接收和发送 29 位标识符的扩展帧。具有 3 个发送邮箱和 2 个接收 FIFO,3 级 14 个可调节的滤波器。

2.1.24 通用串行总线(USB)

STM32F103xC、STM32F103xD 和 STM32F103xE 增强型系列产品,内嵌一个兼容全速 USB 的设备控制器,遵循全速 USB 设备(12 兆位/秒)标准,端点可由软件配置,具有待机/唤醒功能。USB 专用的 48 MHz 时钟由内部主 PLL 直接产生(时钟源必须是一个 HSE 晶体振荡器)。

2.1.25 通用输入/输出接口(GPIO)

每个 GPIO 引脚都可以由软件配置成输出(推挽或开漏)、输入(带或不带上拉或下拉)或复用的外设功能端口。多数 GPIO 引脚都与数字或模拟的复用外设共用。除了具有模拟输入功能的端口,所有的 GPIO 引脚都有大电流通过的能力。

在需要的情况下,I/O 引脚的外设功能可以通过一个特定的操作锁定,以避免意外地写入 I/O 寄存器。

在 APB2 上的 I/O 引脚可达 18 MHz 的翻转速度。

2.1.26 ADC(模拟/数字信号转换器)

STM32F103xC、STM32F103xD 和 STM32F103xE 增强型产品,内嵌 3 个 12 位的模拟/数字信号转换器(ADC),每个 ADC 共用多达 21 个外部通道,可以实现单次或扫描转换。在扫描模式下,自动进行在选定的一组模拟输入上的转换。

ADC 接口上的其他逻辑功能包括:

(1) 同步的采样和保持;

(2) 交叉的采样和保持;

(3) 单次采样。

ADC 可以使用 DMA 操作。

模拟看门狗功能允许非常精准地监视一路、多路或所有选中的通道,当被监视的信号超出预置的阈值时,将产生中断。

由标准定时器(TIMx)和高级控制定时器(TIM1)产生的事件,可以分别内部级联到 ADC 的开始触发和注入触发,应用程序能使 AD 转换与时钟同步。

2.1.27 DAC(数字/模拟信号转换器)

两个 12 位带缓冲的 DAC 通道可以用于转换 2 路数字信号成为 2 路模拟电压信号并输出。这项功能内部是通过集成的电阻串和反向的放大器实现的。

STM32F103xC、STM32F103xD 和 STM32F103xE 增强型产品中有 8 个触发 DAC 转换的输入。DAC 通道可以由定时器的更新输出触发,更新输出也可连接到不同的 DMA 通道。

2.1.28 温度传感器

温度传感器产生一个随温度线性变化的电压,转换范围在 2~3.6 V 之间。温度传感器在内部被连接到 ADC1_IN16 的输入通道上,用于将传感器的输出转换为数字数值。

2.1.29 串行单线 JTAG 调试口(SWJ-DP)

内嵌 ARM 的 SWJ-DP 接口,是一个结合了 JTAG 和串行单线调试的接口,可以实现串行单线调试接口或 JTAG 接口的连接。JTAG 的 TMS 和 TCK 信号分别与 SWDIO 和 SWCLK 共用引脚,TMS 脚上的一个特殊的信号序列用于在 JTAG-DP 和 SW-DP 间切换。

2.1.30 内嵌跟踪模块(ETM)

使用 ARM® 的嵌入式跟踪微单元(ETM)，STM32F10xxx 通过很少的 ETM 引脚连接到外部跟踪端口分析(TPA)设备，从 CPU 核心中以高速输出压缩的数据流，为开发人员提供了清晰的指令运行与数据流动的信息。TPA 设备可以通过 USB、以太网或其他高速通道连接到调试主机，实时的指令和数据流向能够被调试主机上的调试软件记录下来，并按需要的格式显示出来。TPA 硬件可以从开发工具供应商处购得，并能与第三方的调试软件兼容。

2.2 STM32F103xx 引脚定义

STM32F103xC、STM32F103xD 和 STM32F103xE 的外部引脚有 BGA、LQFP 和 WLCSP。

BGA 的全称是 ball grid array(球栅阵列结构的 PCB)，它是集成电路采用有机载板的一种封装法。它具有：① 封装面积小；② 功能加大，引脚数目增多；③ PCB 板熔焊时能自我居中，易上锡；④ 可靠性高；⑤ 电性能好，整体成本低等特点。

LQFP(low-profile quad flat package)也就是薄型 QFP，指封装本体厚度为 1.4 mm 的 QFP，是日本电子机械工业会制定的新 QFP 外形规格所用的名称。QFP 封装就是四方扁平式封装(quad flat package)，该技术实现的 CPU 芯片引脚之间的距离很小，管脚很细。

WLCSP 是晶圆片级芯片规模封装(wafer level chip scale packaging，WLCSP)，即晶圆级芯片封装方式，不同于传统的芯片封装方式(先切割再封装，而封装后至少增加原芯片 20% 的体积)，此种最新技术是先在整片晶圆上进行封装和测试，然后才切割成一个个的 IC 颗粒，因此封装后的体积即等同 IC 裸晶的原尺寸。WLCSP 的封装方式，不仅明显地缩小了内存模块尺寸，而且符合行动装置对机体空间的高密度需求；此外在效能的表现上，更提升了数据传输的速度与稳定性。

2.2.1 引脚分布图

大容量 STM32F103xx 中以 STM32F103VE 为例，LQFP100 引脚分布如图 2-4 所示。

2.2.2 STM32F103xx 引脚定义

大容量 STM32F103xx 引脚定义见原数据手册表 5。这里只列举部分，如表 2-3 所示。

举例说明：LQFP100 的引脚编号 68，引脚名称是 PA9，主功能是 I/O，容忍(耐受)5 V，复用功能是 USART1_TX 或 TIM1_CH2；LQFP100 的引脚编号 69，引脚名称是 PA10，主功能是 I/O，容忍(耐受)5 V，复用功能是 USART1_RX 或 TIM1_CH3。

特别说明：表中的引脚 PC9 对应的复用功能中的 TIM8_CH4/SDIO_D1，表示可以配置该功能为 TIM8_CH4 或 SDIO_D1；对应的重映射复用功能的名称 TIM3_CH4，具有相同的意义。

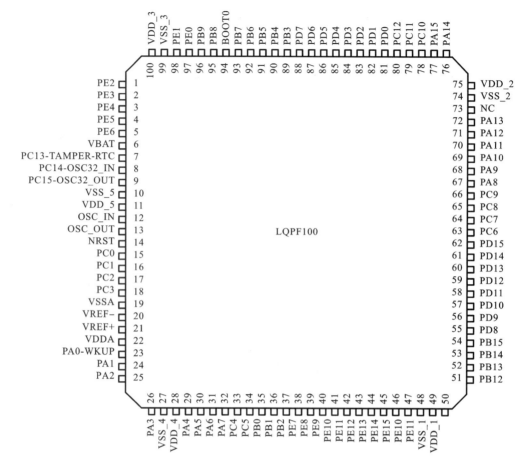

图 2-4　STM32F103xx 增强型 LQFP100 引脚分布

表 2-3　容量 STM32F103xx 部分引脚定义

脚位						引脚名称	类型	I/O 电平	主功能复位后	可选的复用功能	
BGA144	BGA100	WLCSP64	LQFP64	LQFP100	LQFP144					默认复用功能	重定义功能
K11	H10	—	—	61	85	PD14	I/O	FT	PD14	FSMC_D0	TIM4_CH3
K12	G10	—	—	62	86	PD15	I/O	FT	PD15	FSMC_D1	TIM4_CH4
J12	—	—	—	—	87	PG2	I/O	FT	PG2	FSMC_A12	
J11	—	—	—	—	88	PG3	I/O	FT	PG3	FSMC_A13	
J10	—	—	—	—	89	PG4	I/O	FT	PG4	FSMC_A14	
H12	—	—	—	—	90	PG5	I/O	FT	PG5	FSMC_A15	
H11	—	—	—	—	91	PG6	I/O	FT	PG6	FSMC_INT2	
H10	—	—	—	—	92	PG7	I/O	FT	PG7	FSMC_INT3	
G11	—	—	—	—	93	PG8	I/O	FT	PG8		

续表

脚位						引脚名称	类型	I/O电平	主功能复位后	可选的复用功能	
BGA144	BGA100	WLCSP64	LQFP64	LQFP100	LQFP144					默认复用功能	重定义功能
G10	—	—	—	—	94	VSS_9	S		VSS_9		
F10	—	—	—	—	95	VDD_9	S		VDD_9		
G12	E10	E1	37	63	96	PC6	I/O	FT	PC6	I2S2_MCK/ TIM8_CH1 SDIO_D6	TIM3_CH1
F12	F10	E2	38	64	97	PC7	I/O	FT	PC7	I2S3_MCK/ TIM8_CH2 SDIO_D7	TIM3_CH2
F11	F9	E3	39	65	98	PC8	I/O	FT	PC8	TIM8_CH3/ SDIO_D0	TIM3_CH3
E11	E9	D1	40	66	99	PC9	I/O	FT	PC9	TIM8_CH4/ SDIO/D1	TIM3_CH4
E12	D9	E4	41	67	100	PA8	I/O	FT	PA8	USART1_CK TIM1_CH1/ MCO	
D12	D9	D2	42	68	101	PA9	I/O	FT	PA9	USART1_TX TIM1_CH2	
D11	D10	D3	43	69	102	PA10	I/O	FT	PA10	USART1_RX TIM1_CH3	

2.3 存储器映像

从存储器映像(见图 2-5)中,我们可以看到由于是 32 位处理器,存储器最大容量为 4 GB,分为 8 个连续的 512MB 空间,地址是 0x0000 0000～0xFFFF FFFF。

举例说明:Flash(闪存、程序存储器)地址是 0x0800 0000～0x0807 FFFF,大小是 512 KB;SRAM(静态随机存储器、数据存储器)地址是 0x2000 0000～0x2000 FFFF,大小是 64 KB。

Peripherals(片内外设)地址从 0x4000 0000 开始,其中 I/O 端口 Port A 的地址是 0x4001 0800～4001 0BFF。

这些地址都在 ST 的库函数中定义,供我们编程使用。

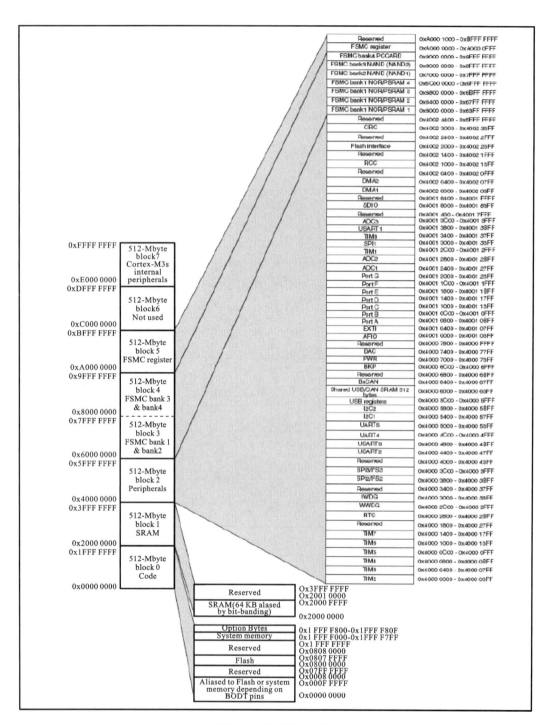

图 2-5 存储器映像图

2.4 I/O端口静态特性

有些人不清楚高低电平的具体电压是多少,甚至不关心电平,其实在实际应用中,电平是很重要的,表2-4所列的为STM32F103ET6的I/O静态特性。

1. 通用输入/输出特性

所有的I/O端口都兼容CMOS和TTL。

表2-4 I/O静态特性

符号	参数	条件	最小值	典型值	最大值	单位
V_{IL}	输入低电平电压	TTL端口	−0.5		0.8	V
V_{IH}	标准I/O脚,输入高电平电压		2		$V_{DD}+0.5$	V
	FT I/O脚[1],输入高电平电压		2		5.5	
V_{IL}	输入低电平电压	CMOS端口	−0.5		$0.35V_{DD}$	V
V_{IH}	输入高电平电压		$0.65V_{DD}$		$V_{DD}+0.5$	
V_{hys}	标准I/O脚施密特触发器电压迟滞[2]			200		mV
	5V容忍I/O脚施密特触发器电压迟滞[2]			$5\%V_{DD}$[3]		mV
I_{kg}	输入漏电流[4]	$V_{SS} \leq V_{IN} \leq V_{DD}$ 标准I/O端口			±1	μA
		$V_{IN}=5V$, 5V容忍端口			3	
R_{PU}	弱上拉等效电阻[5]	$V_{IN}=V_{SS}$	30	40	50	kΩ
R_{PD}	弱下拉等效电阻[5]	$V_{IN}=V_{DD}$	30	40	50	kΩ
C_{IO}	I/O引脚的电容	$V_{IN}=V_{SS}$		5		pF

说明:

(1) FT=5V容忍。

(2) 施密特触发器开关电平的迟滞电压。由综合评估得出,不在生产中测试。

(3) 至少100mV。

(4) 如果在相邻引脚有反向电流倒灌,则漏电流可能高于最大值。

(5) 上拉和下拉电阻设计为一个真正的电阻串联一个可开关的PMOS/NMOS实现。这个PMOS/NMOS开关的电阻很小(约占10%)。

所有I/O端口都是CMOS和TTL兼容(不需软件配置),它们的特性考虑了多数严格的CMOS工艺或TTL参数:

(1) 对于V_{IH}。

如果V_{DD}是介于[2.00V~3.08V];使用CMOS特性但包含TTL。

如果V_{DD}是介于[3.08V~3.60V];使用TTL特性但包含CMOS。

(2) 对于 V_{IL}。

如果 V_{DD} 是介于[2.00V～2.28V]；使用 TTL 特性但包含 CMOS。

如果 V_{DD} 是介于[2.28V～3.60V]；使用 CMOS 特性但包含 TTL。

2. 输出驱动电流

GPIO(通用输入/输出端口)可以吸收或输出多达 $+/-8$ mA 电流，并且吸收 $+20$ mA 电流(不严格的 V_{OL})。在用户应用中，I/O 脚的数目必须保证驱动电流不能超过绝对最大额定值：

(1) 所有 I/O 端口从 VDD 上获取的电流总和，加上 MCU 在 VDD 上获取的最大运行电流，不能超过绝对最大额定值 IVDD=150mA。

(2) 所有 I/O 端口吸收并从 VSS 上流出的电流总和，加上 MCU 在 VSS 上流出的最大运行电流，不能超过绝对最大额定值 IVSS=150 mA。

3. 输出电压

除非特别说明，表 2-5 列出的参数是使用环境温度和 VDD 供电电压符合条件下测量得到的。所有的 I/O 端口都是兼容 CMOS 和 TTL 的。

表 2-5 输出电压特性

符号	参数	条件	最小值	最大值	单位
$V_{OL}^{(1)}$	输出低电平，当8个引脚同时吸收电流	TTL 端口，$I_{IO}=+8$ mA $2.7\ V<V_{DD}<3.6\ V$		0.4	V
$V_{OH}^{(2)}$	输出高电平，当8个引脚同时输出电流		$V_{DD}-0.4$		
$V_{OL}^{(1)}$	输出低电平，当8个引脚同时吸收电流	CMOS 端口，$I_{IO}=+8$ mA $2.7\ V<V_{DD}<3.6\ V$		0.4	V
$V_{OH}^{(2)}$	输出高电平，当8个引脚同时输出电流		2.4		
$V_{OL}^{(1)(3)}$	输出低电平，当8个引脚同时吸收电流	$I_{IO}=+20$ mA $2.7\ V<V_{DD}<3.6\ V$		1.3	V
$V_{OH}^{(2)(3)}$	输出高电平，当8个引脚同时输出电流		$V_{DD}-1.3$		
$V_{OL}^{(1)(3)}$	输出低电平，当8个引脚同时吸收电流	$I_{IO}=+6$ mA $2\ V<V_{DD}<2.7\ V$		0.4	V
$V_{OH}^{(2)(3)}$	输出高电平，当8个引脚同时输出电流		$V_{DD}-0.4$		

说明：

(1) 芯片吸收的电流 I_{IO} 必须始终遵循绝对最大额定值，同时 I_{IO} 的总和(所有 I/O 脚和控制脚)不能超过 I_{VSS}。

(2) 芯片输出的电流 I_{IO} 必须始终遵循绝对最大额定值，同时 I_{IO} 的总和(所有 I/O 脚和控制脚)不能超过 I_{VDD}。

(3) 由综合评估得出，不在生产中测试。

2.5 订货代码

订货代码信息见图 2-6，通过该图，我们就知道了型号规格，如封装、存储器容量等信息。

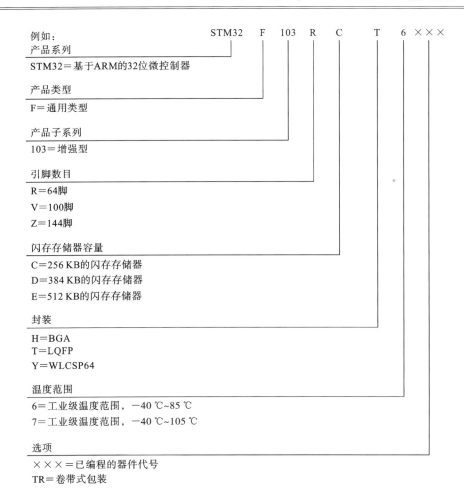

图 2-6　订货代码信息

2.6　思考与练习

1. 画出 STM32F103VET6 的内部框图。
2. 简述 AMBA 总线。
3. 画出 STM32F103VET6 的时钟树。
4. 简述 STM32F103VET6 的时钟源和主要部件的时钟。
5. 简述 STM32F103VET6 的输入、输出的高、低电平。
6. 理解 STM32F103xx 的型号规格。

第3章 ARM Cortex-M3 开发工具和环境

本章学习 ARM Cortex M3 的工具篇,学习软件开发环境 MDK 的安装,了解 STM32 硬件开发/实验板。

通过本章的学习,为学习 STM32 做好准备。

学习嵌入式系统设计,包括硬件设计、软件编程,需要相应的开发工具。基于 ARM Cortex-M3 的 STM32 的嵌入学习,需要的开发工具指的是硬件开发/实验板、软件开发环境 RealView MDK(英文全称 RealView Microcontroller Development Kit)和 ST 的库函数等。

本章将介绍 STM32 硬件开发/实验板,软件开发环境 RealView MDK 的安装,另外包括程序仿真、下载需要的硬件和驱动程序安装等。IAR 和 GCC 开发环境,读者可以自己学习(GCC 参考网络文章:开源开发环境(eclipse+msys+MinGW+CodeSourcery+openocd-0.5.0))。

3.1 软件开发环境

3.1.1 RealView MDK 的安装

RealView MDK,全称是 RealView Microcontroller Development Kit,是德国 Keil 公司的微控制器集成开发环境,包括了编辑、编译、仿真、下载等工具,可以到 Keil 官方网站 www.keil.com 下载该软件,或者从第三方网站下载。

建议安装两个版本 3.8a 版、4.74 版,也可以安装新的版本如 5.23 版(需要同时安装 MDKCM524.EXE),分别安装在 D 盘、E 盘,并分别设置打开不同版本的工程文件。

ST 官方的 STM32 例程使用的库函数,典型的版本有 V2.0.1 和 V3.5.0,建议分别使用 MDK3.8a 版打开 V2.0.1 版例程、MDK4.74 版打开 V3.5.0 版例程。

在 WIN7/WIN8/WIN10 下,最好用 administrator 登录,使用 MDK3.8a 或者 4.74 版。

MDK 的安装过程见图 3-1 至图 3-6。

找到 D:\Keil\ARM\Examples\ST\STM32F10xFWLib\Project\Project.Uv2,双击打开。

RealView MDK 集成开发环境界面见图 3-7,分别有菜单栏、快捷图标、项目管理区、源代码区、输出信息区等。

编译工程成功后,在下面的 Bulid Output 窗口中会输出下面这样一段信息。

Program Size:Code=236 RO-data=320 RW-data=0 ZI-data=1024

其中:

Code——程序中代码所占字节大小;

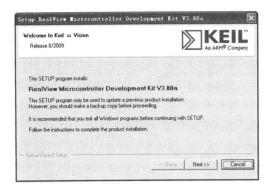

图 3-1　RealView MDK 的安装过程：开始

图 3-2　RealView MDK 的安装过程：同意 License

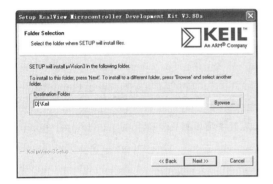

图 3-3　RealView MDK 的安装过程：选择安装路径

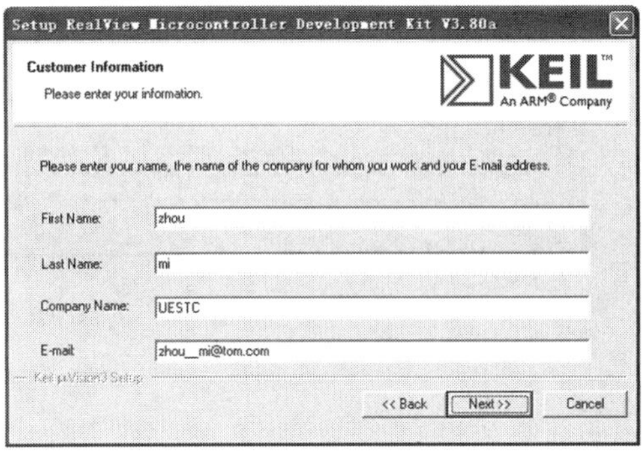

图 3-4　RealView MDK 的安装过程：设置用户信息

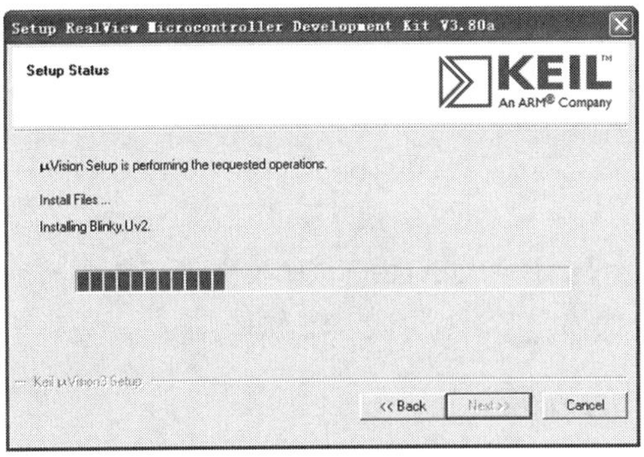

图 3-5　RealView MDK 的安装过程：安装程序

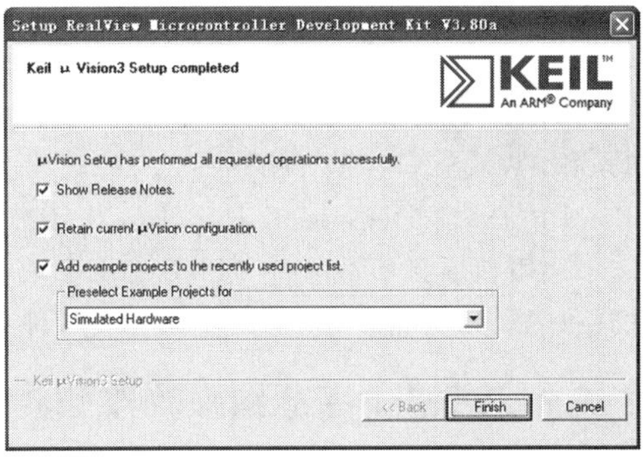

图 3-6　RealView MDK 的安装过程：结束

RO-data——程序中所定义的指令和常量大小（Read Only）；

RW-data——程序中已初始化的变量大小（Read/Write）；

ZI-Data——程序中未初始化的变量大小（Zero Initialize）；

ROM(Flash) size＝Code ＋ RO-data ＋ RW-data；

RAM size＝RW-data ＋ ZI-data。

可以通过编译过程中产生的 STM3210E-EVAL.map 文件查看占用的 flash 和 ram 大小，如下所示。

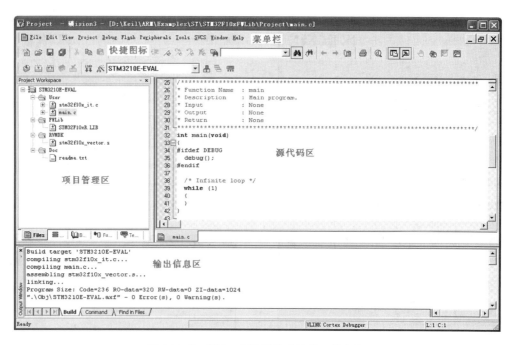

图 3-7 RealView MDK 集成开发环境界面

Code (inc. data)	RO Data	RW Data	ZI Data	Debug	
236	20	320	0	1024	25320	Grand Totals
236	20	320	0	1024	25320	ELF Image Totals
236	20	320	0	0	0	ROM Totals

Total RO Size（Code ＋ RO Data）   556（0.54kB）
Total RW Size（RW Data ＋ ZI Data）   1024（1.00kB）
Total ROM Size（Code ＋ RO Data ＋ RW Data） 556（0.54kB）

也可以看到下载文件 STM3210E-EVAL.hex，显示是 2KB 大小，由于 HEX 文件还包含其他的格式，所以大得多；还可以使用一些软件只看 ROM 代码，如 STC-ISP4.86 软件。

3.1.2 STM32 下载编程软件 Flash Loader 的安装

到 http://www.st.com/下载并安装 STM32 ISP（in-system programming，在系统编程）软件 Flash Loader Demonstrator。STM32 在每个芯片出厂之前，保存了一段 BootLoader 程序供用户快速实现 ISP 编程。

STMicroelectronics 的 Flash Loader Demonstrator V2.6.0 支持 STM8、STM32L1 和 STM32F0/2/3/4。Flash Loader 的安装过程见图 3-8 至图 3-11。

点击"Flash_Loader_Demonstrator_v2.6.0_Setup.exe"开始安装。

3.1.3 STM32 硬件仿真器驱动程序的安装

STM32 可以使用硬件仿真/下载器有 J-LINK 或者 ULINK（见图 3-12、图 3-13）。

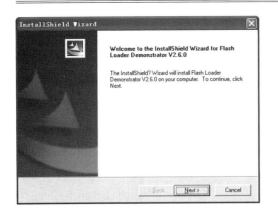

图 3-8 Flash Loader 安装向导

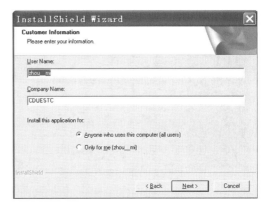

图 3-9 Flash Loader 安装：设置用户信息

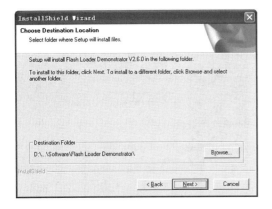

图 3-10 Flash Loader 安装：设置安装路径

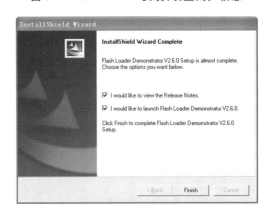

图 3-11 Flash Loader 安装：安装完成

图 3-12 硬件仿真/下载器 J-LINK

图 3-13 硬件仿真/下载器 ULINK

使用 J-LINK 前需要安装驱动程序，使用 ULINK 不需要单独安装，MDK 已经集成了驱动程序。到 http://www.segger.com/ 下载，双击"Setup_JLinkARM_V477c.exe"（或者 Setup_JLink_V490.exe），开始安装 J-LINK 驱动（见图 3-14 至图 3-20）。

3.1.4 USB 转串口驱动的安装

由于现在的计算机已经没有硬件的 RS-232 串口，而 STM32 实验/开发板又要和计算机串行通信，因此简便的做法是采用 USB 转串口，实际上就是使用专用集成电路如 PL-2303、CP2102、CH341 等，通过 USB 接口来虚拟出 UART 实现串行通信。

图 3-14　安装 J-LINK 驱动:同意 License

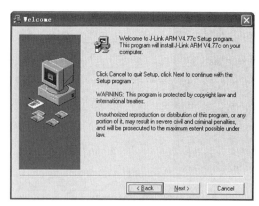

图 3-15　安装 J-LINK 驱动:欢迎安装

图 3-16　安装 J-LINK 驱动:选择安装路径

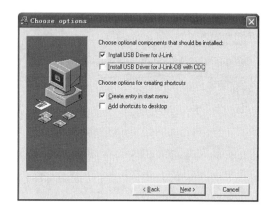

图 3-17　安装 J-LINK 驱动:安装选项

图 3-18　安装 J-LINK 驱动:复制文件

笔者从 2010 年到 2017 年,先后设计制作了 AS-05(STM32-SS)型、AS-07 型、AS-07 V2.0 型共 3 款 STM32 开发/实验板,下面分别说明 USB 转串口驱动程序的安装。

(1) AS-05 和 AS-07,使用的都是 PL-2303HX,在 Windows XP 系统中安装驱动程序 PL2303 Driver v2.0.0.18,安装过程见图 3-21 和图 3-22。

计算机安装驱动程序后,将 AS-05 或者 AS-07 实验板用 USB 线连接到计算机,在设备管理器里就能看见虚拟出来的串口 COM3(见图 3-23 和图 3-24)。

第 3 章 ARM Cortex-M3 开发工具和环境

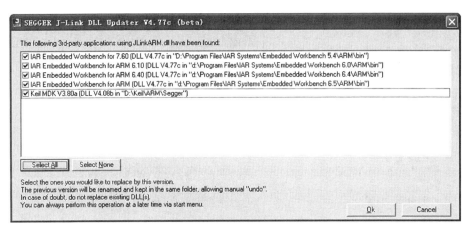

图 3-19 安装 J-LINK 驱动:替代第三方软件安置的 J-LINK 驱动

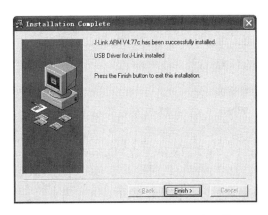

图 3-20 安装 J-LINK 驱动:完成安装

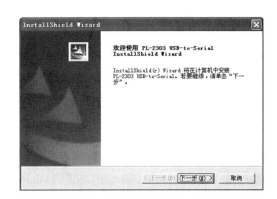

图 3-21 安装 PL2303 驱动:开始

图 3-22 安装 PL2303 驱动:完成安装

图 3-23 STM32 实验板 AS-07 使用 USB 线与计算机相连

这样我们就可以通过此虚拟出来的串口 COM3,继续使用许多老的串口程序,如超级终端、串口助手、串口图像采集软件等,还可以使用前面 3.1.2 节安装的 ST 公司的 Flash Loader 软件实现 ISP 程序下载。这不仅极大地降低了硬件开发成本,并且在 JTAG 下载器不能正常连接

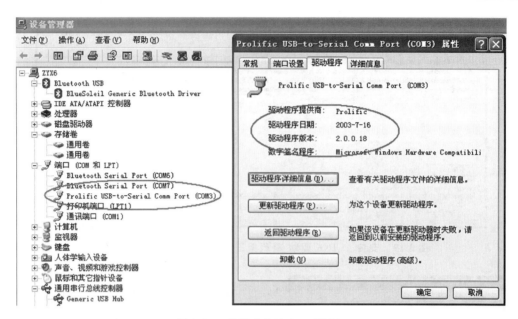

图 3-24 虚拟出来的串口 COM3

MCU 芯片使用的情况下,可通过 ISP 清除 MCU 芯片来修复。

（2）AS-05 和 AS-07,使用的都是 PL-2303HX,在 Windows 7 系统中安装驱动 PL2303_Prolific_DriverInstaller_v1.5.0 就可以了。

（3）AS-05 和 AS-07,使用的都是 PL-2303HX,由于 PL-2303 HX 不支持 Windows 8、Windows 8.1 和 Windows 10,故先安装 PL-2303 HXD 的驱动 PL2303_Prolific_DriverInstaller_v1.8.19（如果以前安装过 PL-2303 的驱动则先"除去/卸载",再重新安装）,如图 3-25 所示。

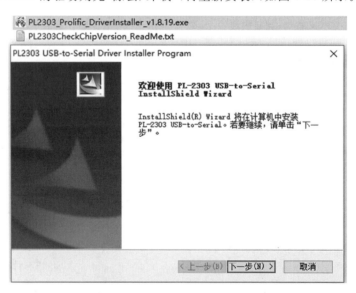

图 3-25 安装 PL2303_Prolific_DriverInstaller_v1.8.19

使用 USB 线连接计算机和实验板,可以在计算机设备管理器中发现虚拟出来的串口 COM3

（有感叹号），但是不能正常工作，如图 3-26 所示。

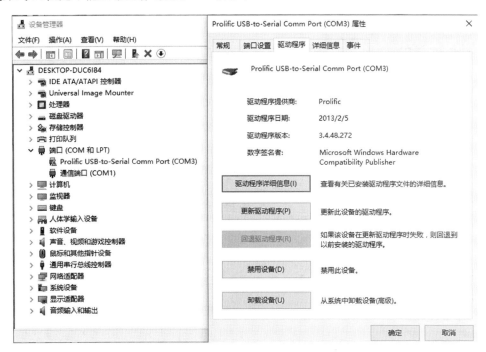

图 3-26 虚拟出来的串口 COM3 不能正常工作

用鼠标右键单击虚拟出来的串口，点"卸载设备"，选择"删除…"，见图 3-27 和图 3-28。

图 3-27 卸载 v1.8.19 驱动

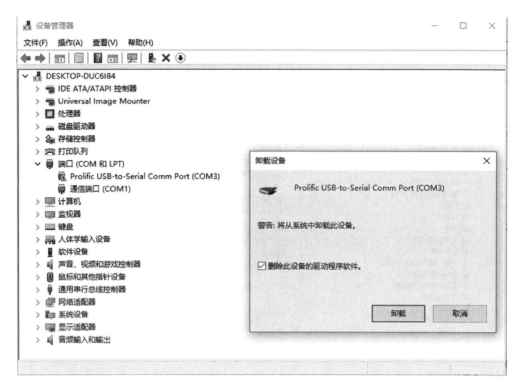

图 3-28　删除 v1.8.19 驱动

再安装 PL2303_Prolific_DriverInstaller_v1.5.0，先"除去（卸载）"，见图 3-29，再重新安装。

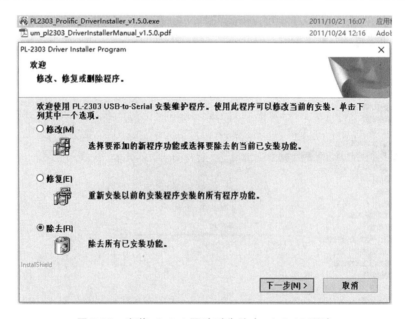

图 3-29　安装 v1.5.0 驱动时先除去 v1.8.19 驱动

拔掉实验板，重新连接实验板，就可以了，见图 3-30。

第3章 ARM Cortex-M3 开发工具和环境

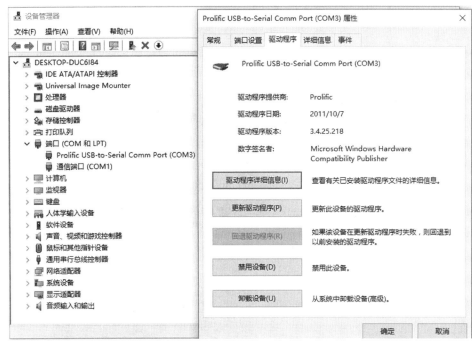

图 3-30 安装好的 v1.5.0 驱动在 Windows 10 里显示的是 v3.4.25.218

说明：PL2303 的驱动到 prolific 官网下载。PL2303 Driver Installer v1.5.0 驱动支持 USB 1.1/2.0/3.0，适用于 PL-2303H/HX/X，在 Windows 2000/XP/Server2003（32、64bit）里显示的版本是 v2.1.27.185，在 Windows Vista/7/Server2008（32、64bit）里显示的版本是 v3.4.25.218。

（4）AS-07 V2.0 开发/实验板的 USB 转串口集成电路，使用了 CH340G，安装 CH341SER 驱动程序即可，见图 3-31 和图 3-32。

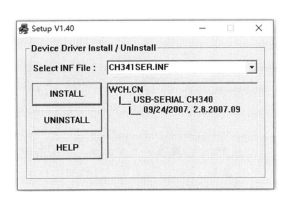

图 3-31 安装 CH341SER 驱动程序

图 3-32 虚拟出来的串口 COM2

3.1.5 蓝牙硬件和软件的安装

通过蓝牙我们可以实现无线串行通信，甚至无线下载、更新运行程序，本教材配套的 STM32

实验板程序都可以通过蓝牙无线下载、更新运行程序。

便携式计算机一般都有蓝牙硬件,只需要安装蓝牙应用软件如 BlueSoleil 就可以了。台式计算机还需要外 USB 蓝牙适配器。STM32 实验板上需要连接蓝牙模块,设置为从机模式,见图 3-33 和图 3-34。

图 3-33　蓝牙无线串行通信硬件软件安装

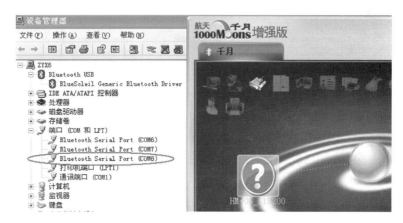

图 3-34　蓝牙无线串行通信端口 COM8

3.2　STM32 实验板

下面介绍基于 ARM Cortex-M3 的 STM32 最小开发系统板、与教材配套的 AS-07 型实验板以及 ST 官方的 Nucleo 实验板和 STM3210E-EVAL 评估板。

3.2.1　STM32 最小系统板

基于 ARM Cortex-M3 的 STM32 最小系统板,是最简单、最基本的工作电路。最小系统包括 MCU(STM32F103C8T6)、USB 供电电源电路、外接晶振、下载与启动方式 BOOT0/BOOT1 设置电路、SWD 仿真下载接口电路、复位电路以及一个简单的 LED 输出电路等,实物照片见图 3-35,电路原理图见图 3-36。

3.2.2　Nucleo 实验板

Arduino 和 mbed 都是知名的开放源电子原型开发平台,它们的硬件和软件结构都比较简

图 3-35 基于 STM32F103C8T6 的 STM32 最小系统板实物照片

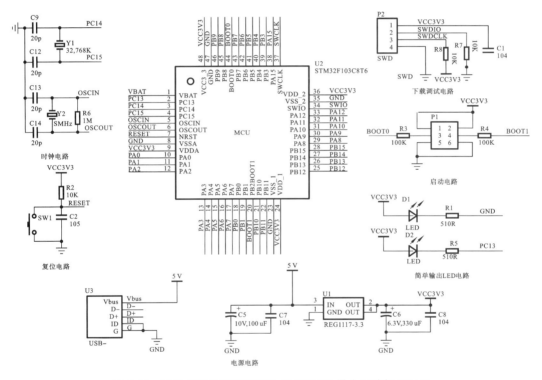

图 3-36 基于 STM32F103C8T6 的 STM32 最小系统板原理图

单,适合电子产品设计师和业余爱好者简易地使用,用户可使用价格超低的 STM32 Nucleo 开源实验板。

通过 Arduino 连接器和 ST Morpho 扩展插头,STM32 Nucleo 可轻松使用多种与应用相关的附加硬件进行扩展。

STM32 Nucleo F103RB 板载 ST-LINK/V2-1 编程下载调试接口,支持 SWD,MCU 为 STM32F103RBT6(见图 3-37)。

STM32 Nucleo 自带集成的 ST-Link 调试器/编程器,不需要外部探针。

STM32 Nucleo 可工作于广泛的开发环境,包括 IAR EWARM、Keil MDK、mbed、基于 GCC

图 3-37　STM32 Nucleo F103RB 照片

的 IDE(Atollic TrueStudio)。

STM32 Nucleo 用户可在 mbed.org 免费访问 mbed 在线编译器、mbed 在线 C/C++ SDK 及开发者社区,仅用几分钟就可以生成一个完整的应用。

STM32 Nucleo 的详细内容可以访问 ST 和 ARM 公司的官网,网址分别是:http://www.st.com/web/cn/catalog/tools/FM116/SC959/SS1532/LN1847,http://developer.mbed.org/platforms/ST-Nucleo-F103RB/。

3.2.3　AS-07 型 STM32 实验板

笔者 2010 年 3 月设计制作了 AS-05(STM32-SS)型开发/实验板,可以作为 STM32F103VBT6 开发/实验板,也可以作为 VS1003B MP3 和 OV7660 或 7670 摄像头实验板。

STM32-SS + VS1003B + SD + TFT LCD 的 MP3 实验,见图 3-38。

笔者 2013 年 10 月又设计制作了 AS-07 型 STM32 开发/实验板,见图 3-39。AS-07 型 STM32F103VET6 开发/实验板的特点就是兼容目前流行的开源硬件 arduino 和 maple,以及最新的 ARM mbed 中的 ST Nucleo。2017 年 8 月修改 USB 转串口为 CH340,就是 AS-07 V2.0。

AS-07 型 STM32 开发/实验板,参考意法 ST 公司(http://www.st.com/)的 STM3210E-EVAL 评估板,意大利开源硬件 Arduino UNO(http://arduino.cc/),麻省理工学院开源硬件 Maple RET6(http://leaflabs.com/),以及目前市面上流行的 STM32 开发板设计,基于 ST 的 STM32F103VET6 微控制器,特别为大学生学习 Cortex-M3(替代 ARM7 和 51 单片机),参加电子设计竞赛,进行毕业设计、项目实训而设计。

 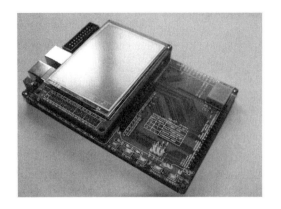

图 3-38　STM32-SS＋VS1003B＋SD＋TFT LCD 进行 MP3 实验　　　图 3-39　AS-07 型 STM32 实验板

AS-07 型 STM32 开发/实验板特别设计一个 USB 转 UART1 接口,可以在没有串、并口的计算机上使用 USB 接口虚拟串口实现 ISP 下载程序,也配套设计了转接板 AS-07 KIT 和板载 HM-06 蓝牙 2.1 模块,可以非常方便地使用便携式计算机开发或者实验时实现无线下载更新程序。如果经济条件允许,还是建议购买 JLINK V8 JTAG 仿真下载器。

1. 硬件资源

处理器:STM32F103VET6,主频:72 MHz,512KB Flash,64KB SRAM。

存储器 AT24C02,2048-bits/256-byte,EEPROM IIC Flash

存储器 W25Q64,64M-bit/8M-byte,SPI Flash

DHT11 温度/湿度传感器

启动跳线设置

1 个 SD 存储卡接口

20Pin JTAG 调试接口

1 个 USB Device 接口

1 个 USB 转 UART 接口:替代 RS232 串行口,同时供电 5 V

3 个功能键:Reset,Wakeup,BUT

2 个用户按键:KEY1、KEY2

1 路 AD 输入

1 路 PWM 输出:TIM8 CH1/TIM3 CH1/PC6 接 LED1

Arduino 模块接口

RTC(带后备电池座)

2 路可选电源:9V DC 供电,USB 供电

TFT-LCD 接口:一个 32PIN 2.8 LCD TFT 接口(FSMC)

3 个 LED 灯:LED1(可以显示 PWM 结果)、LED2、电源 LED

留出 1 个 USART3 引脚,7 个未使用的引脚引出,用户可以自己扩展

尺寸:126 mm×85 mm

2. 软件资源

ADC 模数转换实验例程;

BKP 备份寄存器实验例程；
DAC 数模转换实验例程；
DMA 通信实验例程；
EXTI 中断实验例程；
Flash 读写、存储实验例程；
GPIO 的控制实验，LED(发光二极管)、KEY(按键)等实验例程；
I2C 总线通信与存储器读写实验；
IWDG 看门狗实验例程；
NVIC 中断实验例程；
PWR 电源管理程序；
RCC 时钟复位管理程序；
RTC 实时时钟程序；
SysTick 系统定时器实验；
SPI 总线通信与存储器读写例程；
TIM 定时器、PWM 实验例程；
USART 串口通信例程，可以与 PC 或其他外设通信，也可以做相互通信实验；
USB HID 实验例程，实现 USB 鼠标；
USB CDC 实验例程，可通过 USB 接口虚拟串口设备；
USB Mass_Storage 实验例程，利用 USB 实现 SD 卡接口与 USB 接口的转换；
WWDG 看门狗实验例程；
LCD 显示例程，可显示字符、文字、图形等信息；
NOKIA 5110 LCD 单色显色屏控制程序；
LED 例程，控制 LED 指示灯，提供跑马灯演示程序；
支持 MMC/SD 卡，提供 SD/MMC 卡驱动程序，可实现读卡器功能；
RTX_Blinky 实验例程；
片内温度传感器实验例程。

DHT11 温湿度传感器实验、MP3 实验、OV7670 摄像头实验、MPU6050 加速度仪和陀螺仪实验、Zigbee 实验、WIFI 实验、RFID 实验、蓝牙实验、网络实验、物联网网关实验、GPS 实验、GPRS 实验、uCOS、uCGUI、RT Thread OS 实验。

AS-07 型 STM32 开发/实验板可以完成项目实训、毕业设计、电子竞赛、物联网项目等实验与开发，分别是 STM32 读写 RFID 卡、数码相册、MP3 播放器、图像采集与识别、智能小车设计、北斗/GPS 车载跟踪防盗器、基于 STM32 的 Zigbee 物联网设计等。

3．扩展硬件模块

AS-07 型 STM32 开发/实验板的转接板见图 3-40。

可以通过转接板连接使用的部分配件有：蓝牙 2.1 模块、WiFi 模块、Zigbee 模块、摄像头

图 3-40　AS-07 KIT 转接板

OV7670 模块、RFID RC522 读写模块、MP3 VS1003B 模块、无线模块 nRF24L01、三轴陀螺仪和三轴加速度仪 MPU8050 模块、GPS 模块、GPRS 模块、继电器模块、电源 DC-DC 等，见图 3-41。

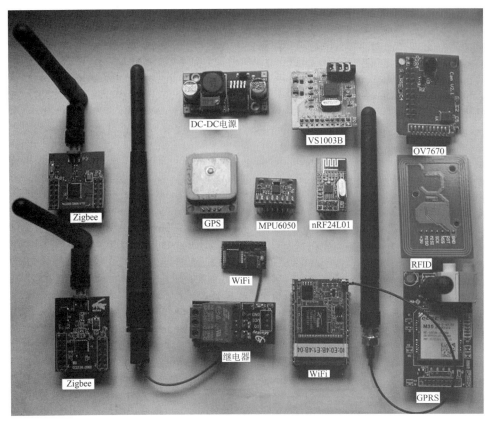

图 3-41　AS-07 型 STM32 实验板的部分配件

AS-07 型开发/实验板通过 AS-07 KIT 转接板扩展硬件模块，见图 3-42 至图 3-46。

图 3-42　AS-07 实验板和转接板（板载陀螺仪/加速度计、GPS、GPRS 模块）

图3-43　AS-07实验板和转接板(板载RFID读卡器、Zigbee CC2530模块)

图3-44　AS-07实验板和转接板(板载MP3模块)

图3-45　AS-07实验板和转接板
　　　　(板载摄像头、GPRS模块)

图3-46　AS-07实验板和转接板
　　　　(板载摄像头、WiFi模块)

AS-07型STM32开发/实验板兼容Arduino和Maple,因此Arduino模块可以直接插到AS-07型STM32实验板主板上使用。

AS-07型STM32开发/实验板主板＋LCD＋Arduino L298N电机驱动板,见图3-47。

AS-07型STM32实验板主板＋LCD＋Arduino ENC28J60网络模块,见图3-48。

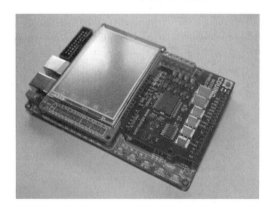

图3-47　AS-07型STM32实验板、LCD
　　　　与Arduino L298N电机驱动板

图3-48　AS-07型STM32实验板、LCD
　　　　与Arduino ENC28J60网络模块

AS-07 型 STM32 开发/实验板电路原理图见图 3-49 至图 3-51。

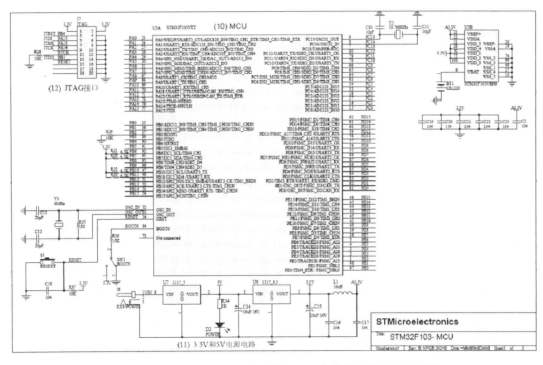

图 3-49　AS-07 型 STM32 实验板 MCU 和外接电源电路原理图

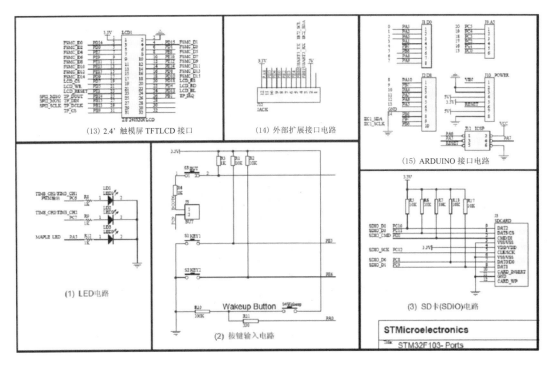

图 3-50　AS-07 型 STM32 实验板外设和接口电路原理图(1)

说明：AS-07 V2.0 的 USB 电路更换为 CH340，其他不变。

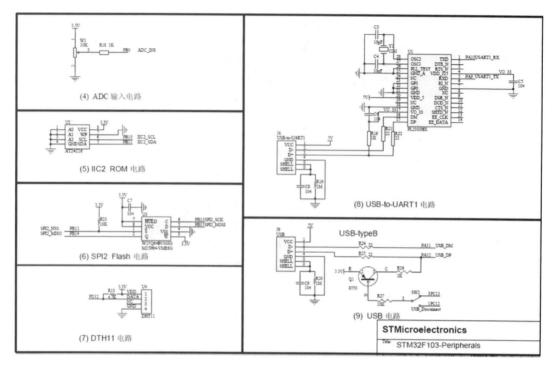

图 3-51　AS-07 型 STM32 实验板外设和接口电路原理图(2)

3.2.4　ST 官方 STM3210E-EVAL 评估板

　　STM3210E-EVAL 评估板，基于 ARM Cortex-M3 核心的 STM32F103ZGT6T 微控制器设计，该评估板板载硬件资源丰富，是我们学习的最佳选择，是市面上所见 STM32 实验板的鼻祖，实物照片见图 3-52，硬件框图见图 3-53。

图 3-52　STM3210E-EVAL 评估板正面照片

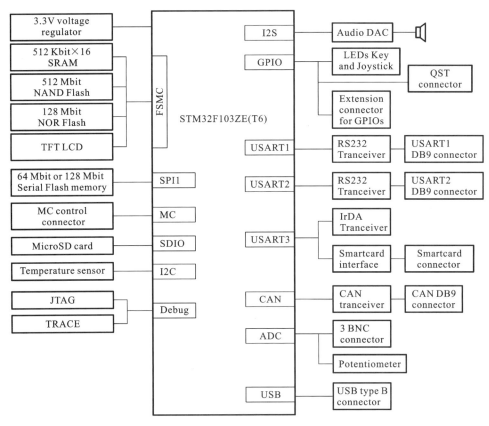

图 3-53 STM3210E-EVAL 评估板硬件框图

我们学习的程序代码就是它配套的范例程序,基本上所有 STM32 开发板的例程都是来源于官方的范例程序。

3.3 ST 的库函数

ST 的库函数给我们提供简便的代码编程方法,不需要详细了解 STM32 底层复杂繁多的寄存器的名称、定义、功能等详细的硬件知识。

3.3.1 ST 的库函数的版本

ST 的库函数版本繁多,典型版本是 STM32F10xxx FWLib V1.0(10/08/2007)、STM32F10xxx FWLib V2.0(05/23/2008)、STM32F10xxx FWLib V2.0.1(06/13/2008)、STM32F10x Firmware Library(STM32F10x FWLib V2.0.3,09/22/2008)、STM32F10x Standard Peripherals Firmware Library V3.0.0(StdPeriph_Lib,标准外设库,04/06/2009)、STM32F10xxx 标准外设库 V3.5.0 等。

3.3.2 ST 的 V2.0.1 版库函数

安装 MDK 以后,V2.0.1 库函数在 D:\Keil\ARM\RV31\LIB\ST\STM32F10x,有 V2.0.1

库函数编译生成 STM32F10xR.LIB 的工程,当然还有库函数的.c 源函数和.h 头文件。

在 D:\Keil\ARM\RV31\LIB\ST 有已经编译生成的 STM32F10xR.LIB 文件。

在 D:\Keil\ARM\RV31\LIB\ST\STM32F10x 有库函数的.c 源函数文件。

在 D:\Keil\ARM\INC\ST\STM32F10x 有库函数的.h 头文件。

在 D:\Keil\ARM\Examples\ST\STM32F10xFWLib\Examples 有使用 V2.0.1 库函数的范例程序。

在 D:\Keil\ARM\Examples\ST\STM32F10xFWLib\Project 有使用 V2.0.1 库函数的工程模板。

我们最方便的学习方法,就是使用 MDK 下的 ST 的 V2.0.1 库函数的工程模板和范例程序。

可以下载文档 AN2776 应用笔记,学习如何将 STM32F10xxx 的固件库从 V1.0 升级到 V2.0。

3.3.3 ST 的 V2.0.1 版库函数的工程模板和范例程序

这里举例说明如何使用工程模板和范例程序。

3.3.3.1 使用 V2.0.1 版库函数的工程模板

1. 使用库文件 STM32F10xR.LIB

(1) 复制路径 D:\Keil\ARM\Examples\ST\STM32F10xFWLib 下的 Project 文件夹到路径 D:\STM32 下。

(2) 复制路径 D:\Keil\ARM\RV31\LIB\ST 下面的 STM32F10xR.LIB 文件到路径 D:\STM32\Project 下。

(3) 复制路径 D:\Keil\ARM\INC\ST 下的.h 头文件的 STM32F10x 文件夹到路径 D:\STM32\Project 下,更名为 INC。

(4) 复制路径 D:\Keil\ARM\RV31\LIB\ST 下的.c 源函数文件的 STM32F10x 文件夹到路径 D:\STM32\Project 下,更名为 LIB。

(5) 双击打开 D:\STM32\Project\Project.Uv2 工程模板,注意设置使用 D:\Keil\UV3\Uv3.exe 打开.Uv2。

(6) 因为 STM32F10xR.LIB 文件的存放位置发生了变化,所以上面打开 Project.Uv2 后会发现工程中 STM32F10xR.LIB 文件的右边有红色的叉。这时需要更新文件 STM32F10xR.LIB,见图 3-57。

单击图 3-54 "设置"快捷图标(2 处),弹出如图 3-55 所示的对话框,顺序单击执行图中 1、2、3、4 步骤,弹出如图 3-56 所示的对话框。

(7) 在图 3-56 所示的对话框中,再顺序单击执行步骤 5、6、7、8,然后单击 OK 按钮,就出现如图 3-57 所示的内容。

(8) 单击图 3-57 中的"创建(编译、链接)目标"快捷图标▦(1 处),在输出信息窗口中,看见编译通过,没有错误,就可以使用该工程了,后面的操作见 4.2.4 小节。

2. 使用库函数的源函数文件

不添加编译生成的库文件 STM32F10xR.LIB,而是直接添加库源函数文件,方法如下:

(1) 单击图 3-54 "设置"快捷图标(2 处),弹出如图 3-55 所示的对话框,顺序单击执行图中的步骤 1、2、3、4。

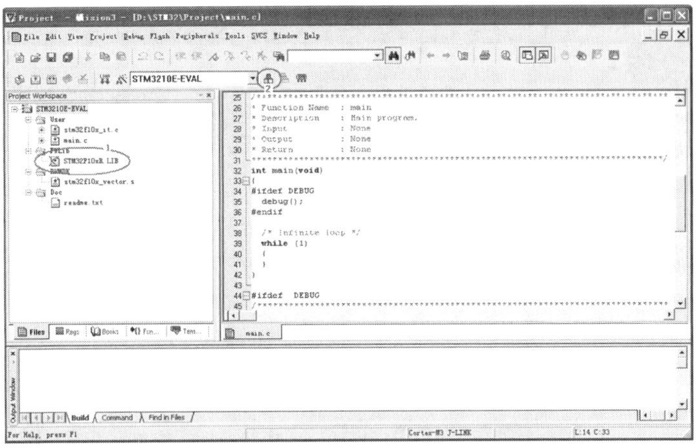

第 3 章 ARM Cortex-M3 开发工具和环境

图 3-54 ST 的 V2.0.1 库函数工程模板

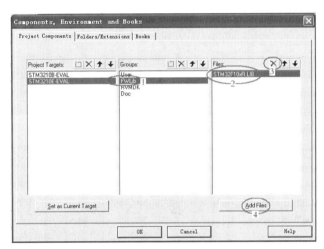

图 3-55 删除原来的 STM32F10xR.LIB 文件

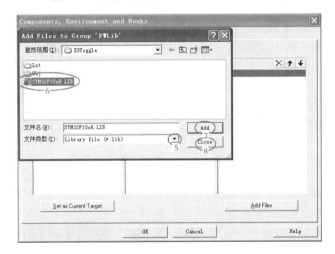

图 3-56 重新添加 STM32F10xR.LIB 文件

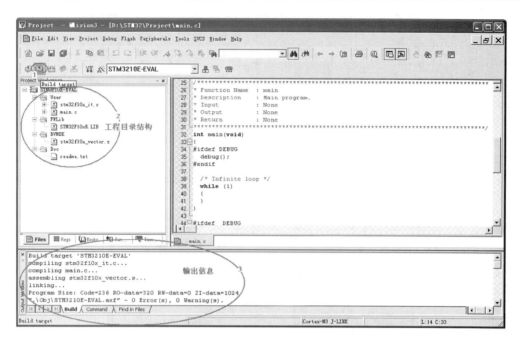

图 3-57 可以使用的 ST 的 V2.0.1 库函数工程模板

(2) 双击打开 LIB 文件夹,见图 3-58。

图 3-58 双击打开 LIB 文件夹

(3) 选择所有的 *.c 文件,见图 3-59。

(4) 单击 Add 按钮;单击 OK 按钮,就看见图 3-60 所示的内容,图中 1 处在 FWLib 文件夹下面就已经添加了库函数的 *.c 源函数文件。

(5) 单击图 3-60 中 2 处的"目标选项"快捷图标,弹出对话框见图 3-61。

(6) 依次单击图 3-61 中的 1,2 处,弹出对话框见图 3-62。

(7) 依次单击图 3-62 中的 1,2 处,弹出对话框见图 3-63,选择 INC 文件夹,点击确定按钮,

第 3 章 ARM Cortex-M3 开发工具和环境

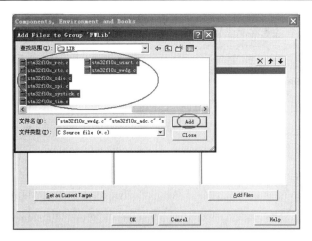

图 3-59 选择所有的 *.c 文件

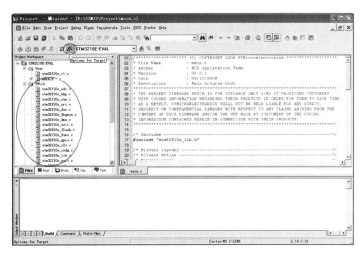

图 3-60 已经添加库文件的 *.c 源文件

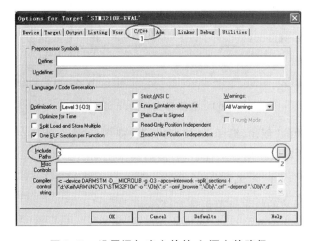

图 3-61 设置添加库文件的.h 源文件路径

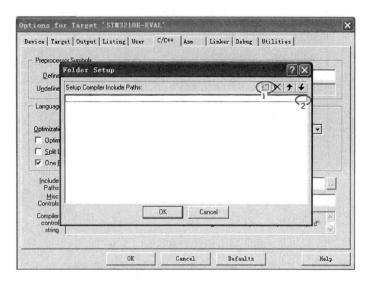

图 3-62　添加库文件的.h 源文件路径

见到图 3-64(已经添加了库文件的.h 源文件包含路径),再点击 OK 按钮;另外再添加 cortexm3_macro.s 文件到 RVMDK 文件夹,见图 3-65。

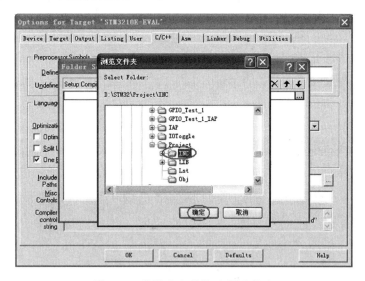

图 3-63　选择库文件的.h 源文件夹

(8) 单击图 3-66 中的"创建(编译、链接)目标"快捷图标 (1 处),在输出信息窗口中,看见编译通过、没有错误,就可以使用该工程了,后面的操作见 4.2.4 小节。

3.3.3.2　使用 V2.0.1 库函数的范例程序

ST 的 V2.0.1 库函数的流水灯范例是 IOToggle。

(1) 复制 D:\STM32 下的 Project 到当前文件夹,更名为 IOToggle;

(2) 将 D:\Keil\ARM\Examples\ST\STM32F10xFWLib\ 下的 Examples 复制到 D:\STM32 下,再将 D:\STM32\Examples\GPIO\IOToggle 下面的所有文件复制到 D:\STM32\

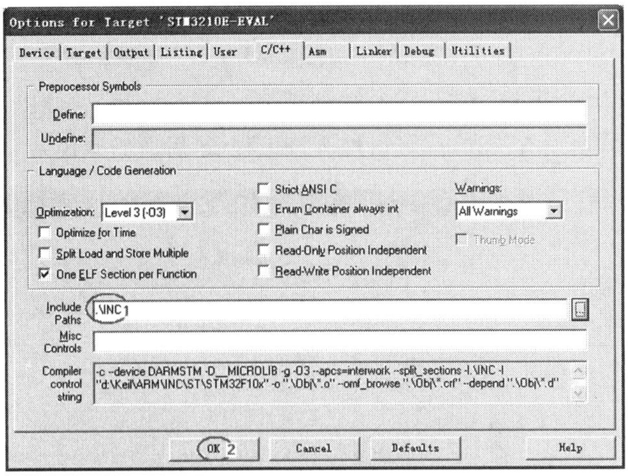

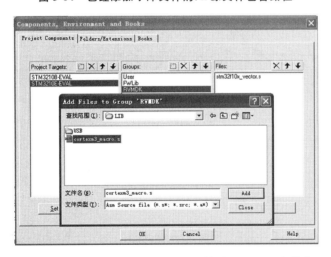

图 3-64 已经添加了库文件的.h源文件包含路径

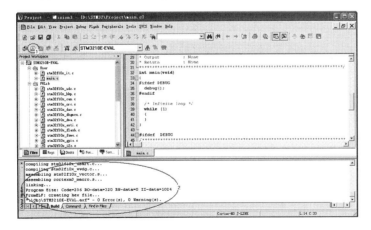

图 3-65 添加 cortexm3_macro.s 文件到 RVMDK 文件夹

图 3-66 可以使用的 ST 的 V2.0.1 库函数工程模板

IOToggle 文件夹下,替换重名的所有文件;

(3) 双击打开 D:\STM32\IOToggle\Project.Uv2 工程,见图 3-67。

(4) 单击图 3-67 中的"重新创建(编译、链接)所有的目标文件"快捷图标▒(1 处),在输出信息窗口中,看见编译通过,没有错误,就可以使用该工程了,后面的操作见 4.2.4 小节。

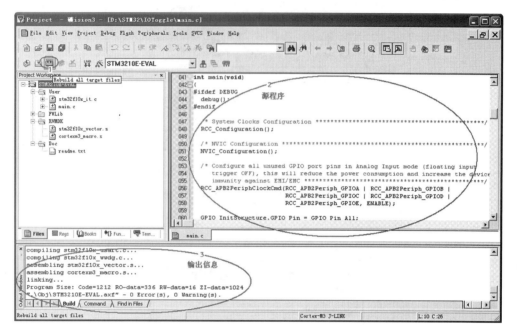

图 3-67 ST 的 V2.0.1 库函数的流水灯范例

3.3.4 ST 的 V2.0.3 库函数

以前从 ST 网站可以下载 STM32F10x Firmware Library (FWLib) V2.0.3 文件 um0427。um0427\FWLib 文件里包括:范例(examples)、库函数(library)、工程模板(project)。

3.3.5 ST 的 V2.0.3 库函数的工程模板和范例程序

将 V2.0.3 um0427.zip 解压到 D:\STM32\V2.0.3 um0427 下。

双击打开 D:\STM32\V2.0.3 um0427\FWLib\project\RVMDK 下的 Project.Uv2 工程模板(见图 3-68),这是可以直接使用的 ST 的 V2.0.3 库函数工程模板。

ST 的 V2.0.3 库函数的流水灯范例 IOToggle 在 D:\STM32\V2.0.3 um0427\FWLib\examples\GPIO\IOToggle 中,使用方法同 3.3.3.2 小节。

3.3.6 ST 的 V3.0.0 版库函数

以前从 ST 网站可以下载 STM32F10x Standard Peripherals Library(StdPcriph_Lib) V3.0.0 文件 um0427。

um0427\Libraries\STM32F10x_StdPeriph_Driver 文件里包含了库函数的 *.c 源函数 src、库函数的 *.h 源函数 inc。

第 3 章 ARM Cortex-M3 开发工具和环境

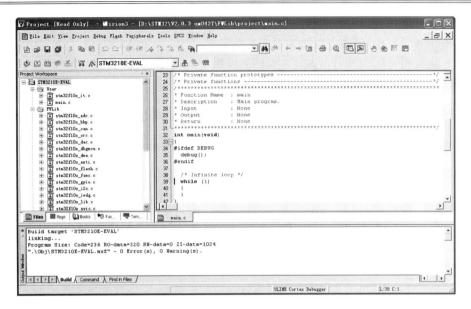

图 3-68 ST 的 V2.0.3 库函数的工程模板

um0427\Libraries\CMSIS\Core\CM3 是 MCU 核文件和启动代码文件。

um0427\Project\Examples 是范例程序，um0427\Project\Template 是工程模板。

3.3.7 ST 的 V3.0.0 库函数的工程模板和范例程序

将 V3.0.0 um0427.zip 解压到 D:\STM32\V3.0.0 um0427 下。

双击打开 D:\STM32\V3.0.0 um0427\Project\Template\RVMDK 下的 Project.Uv2 工程模板，见图 3-69，是可以直接使用的 ST 的 V3.0.0 库函数工程模板。

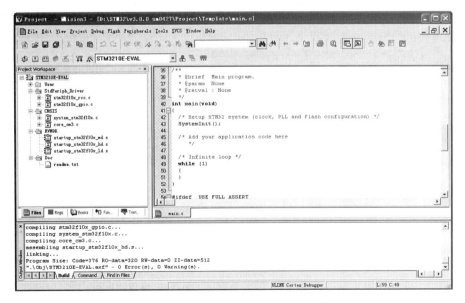

图 3-69 ST 的 V3.0.0 库函数的工程模板

ST 的 V3.0.0 库函数的流水灯范例 IOToggle 在 D:\STM32\V3.0.0 um0427\Project\Examples\GPIO\IOToggle,使用方法同 3.3.3.2 小节。

可以下载文档 CD00228916.pdf(AN2953 应用笔记),了解如何将 STM32F10xxx 固件库 V2.0.3 升级为 STM32F10xxx 标准外设库 V3.0.0。

3.3.8　ST 的 V3.5.0 库函数

目前只能从 ST 网站可以下载 STM32F10x_StdPeriph_Lib_V3.5.0,文件是 stsw-stm32054.zip。

stsw-stm32054\STM32F10x_StdPeriph_Lib_V3.5.0\Libraries\STM32F10x_StdPeriph_Driver\src 是 V3.5.0 全部的.c 源函数。

stsw-stm32054\STM32F10x_StdPeriph_Lib_V3.5.0\Libraries\STM32F10x_StdPeriph_Driver\inc 是 V3.5.0 全部的.h 源函数。

stsw-stm32054\STM32F10x_StdPeriph_Lib_V3.5.0\Project\STM32F10x_StdPeriph_Template\MDK-ARM 是 V3.5.0 的 MDK 工程模板。

stsw-stm32054\STM32F10x_StdPeriph_Lib_V3.5.0\Project\STM32F10x_StdPeriph_Template\EWARM 是 V3.5.0 的 IAR 工程模板。

3.3.9　ST 的 V3.5.0 库函数的工程模板和范例程序

(1) 将 V3.5.0 stsw-stm32054.zip 解压到 D:\STM32 下。

(2) 双击打开 D:\STM32\STM32F10x_StdPeriph_Lib_V3.5.0\Project\STM32F10x_StdPeriph_Template\MDK-ARM 下的 Project.uvproj 工程模板,见图 3-70。

(3) 在图 3-70 中,顺序单击 1、2,选择评估板为 STM3210E-EVAL。

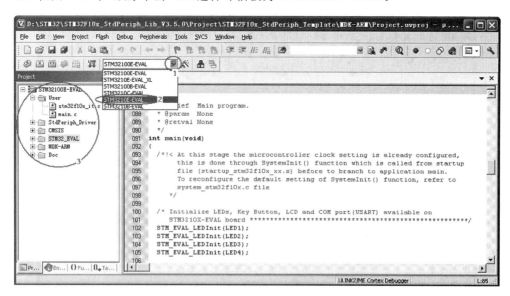

图 3-70　ST 的 V3.5.0 库函数的工程模板:选择评估板

(4) 在图 3-71 中,复位工程显示窗口。

第 3 章 ARM Cortex-M3 开发工具和环境

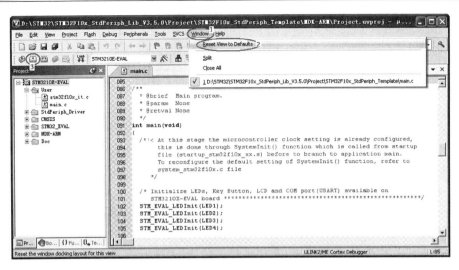

图 3-71 ST 的 V3.5.0 库函数的工程模板：复位显示窗口

（5）如图 3-72 所示，这就是 AS-07 STM32 实验板可以直接使用的 ST 的 V3.5.0 库函数工程模板。

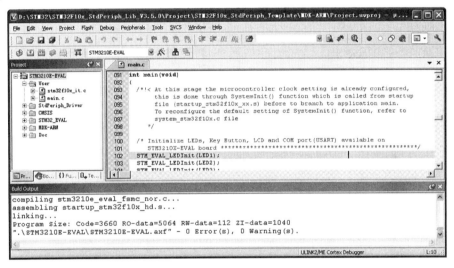

图 3-72 可以直接使用的 ST 的 V3.5.0 库函数的工程模板

（6）ST 的 V3.5.0 库函数的流水灯范例在 D:\STM32\STM32F10x_StdPeriph_Lib_V3.5.0\Project\STM32F10x_StdPeriph_Examples\GPIO\IOToggle 中，使用方法见 4.3.5 小节。

3.4 思考与练习

1. 安装 MDK3.80a 和 MDK4.74。
2. 使用电子电路设计软件如 Protel 99SE 画出 STM32F103VET6 的最小系统的原理图和 PCB 图，今后可以在电子竞赛中使用。
3. 在网上寻找一款 STM32F103 开发/实验板及硬件仿真器，了解硬件设计。

第 4 章 STM32 基础入门

本章是 ARM Cortex-M3 的入门篇。先学习 GPIO 的结构、编程应用，完成实验，达到初步应用 ARM Cortex-M3 的目的，这也是本书的重点内容；再学习复位和时钟、中断和事件、串口通信等，完成入门课程。

通过本章的学习，初步掌握 MDK 开发软件环境、嵌入式开发 C 语言、STM32 硬件实验板的使用；在学习 GPIO 过程中，要学会两种编程方法：直接寄存器操作、使用库函数。

学习嵌入式系统设计，应该集中精力重点学习 2~3 种嵌入式处理器的硬件结构、编程应用，以及嵌入式操作系统的使用。

本章主要介绍 STM32F103VET6 的片内资源的硬件结构与编程应用。

4.1 GPIO 的结构及编程应用

每个 GPIO(general-purpose I/O，通用输入/输出端口)引脚都可以由软件配置成输出(推挽或开漏)、输入(带或不带上拉或下拉)或复用的外设功能端口。多数 GPIO 引脚都与数字或模拟的复用外设共用。除了具有模拟输入功能的端口，所有的 GPIO 引脚都具备大电流通过的能力。在需要的情况下，I/O 引脚的外设功能可以通过一个特定的操作锁定，以避免意外地写入 I/O 寄存器。

4.1.1 GPIO 概述

每个 GPIO 端口有两个 32 位配置寄存器(GPIOx_CRL，GPIOx_CRH)，两个 32 位数据寄存器(GPIOx_IDR 和 GPIOx_ODR)，一个 32 位置位/复位寄存器(GPIOx_BSRR)，一个 16 位复位寄存器(GPIOx_BRR)和一个 32 位锁定寄存器(GPIOx_LCKR)。

I/O 端口位的内部结构框图见图 4-1。

根据数据手册中列出的每个 I/O 端口的特定硬件特征，GPIO 端口的每个位可以由软件分别配置成多种模式：浮空输入、上拉输入、下拉输入、模拟输入、通用开漏输出、通用推挽输出、复用功能推挽输出、复用功能开漏输出。端口位配置表、输出模式位分别见表 4-1 和表 4-2。

每个 I/O 端口位可以自由编程，然而 I/O 端口寄存器必须按 32 位字被访问。GPIOx_BSRR 和 GPIOx_BRR 寄存器允许对任何 GPIO 寄存器的读/更改进行独立访问。这样，在读和更改访问之间产生 IRQ 时不会发生危险。

说明：通用 I/O(GPIO) 复位期间和刚复位后，复用功能未开启，I/O 端口被配置成浮空输入模式(CNFx[1:0]=01b，MODEx[1:0]=00b)。复位后，JTAG 引脚被置于上拉输入或下拉输入模式。

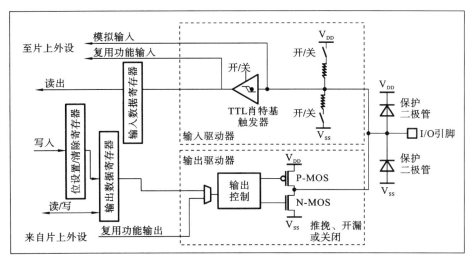

图 4-1　I/O 端口位的内部结构框图

表 4-1　端口位配置表

配置模式		CNF1	CNF0	MODE1	MODE0	PxODR 寄存器
通用输出	推挽	0	0	01 10 11		0 或 1
	开漏		1			0 或 1
复用功能 输出	推挽	1	0			不使用
	开漏		1			不使用
输入	模拟输入	0	0	00		不使用
	浮空输入		1			不使用
	下拉输入	1	0			0
	上拉输入					1

表 4-2　输出模式位

MODE[1:0]	意　义
00	保留
01	最大输出频率为 10 MHz
10	最大输出频率为 2 MHz
11	最大输出频率为 50 MHz

PA15：JTDI 置于下拉输入模式。

PA14：JTCK 置于下拉输入模式。

PA13：JTMS 置于上拉输入模式。

PB4：JNTRST 置于上拉输入模式。

4.1.2　GPIO 寄存器

1. 端口配置低寄存器(GPIOx_CRL)(x=A,…,E)

偏移地址：**0x00**

复位值:0x4444 4444

31	30	29	28	27	26	25	24	23	22	21	20	19	18	17	16
CNF7[1:0]		MODE7[1:0]		CNF6[1:0]		MODE6[1:0]		CNF5[1:0]		MODE5[1:0]		CNF4[1:0]		MODE4[1:0]	
rw	rw	rw	rw	rw	rw	rw	rw	rw	rw	rw	rw	rw	rw	rw	rw
15	14	13	12	11	10	9	8	7	6	5	4	3	2	1	0
CNF3[1:0]		MODE3[1:0]		CNF2[1:0]		MODE2[1:0]		CNF1[1:0]		MODE1[1:0]		CNF0[1:0]		MODE0[1:0]	
rw	rw	rw	rw	rw	rw	rw	rw	rw	rw	rw	rw	rw	rw	rw	rw

CNFy[1:0]:端口 x 配置位(y=0,…,7),软件通过这些位配置相应的 I/O 端口,请参考表 4-1 端口位配置表。

(1) 在输入模式(MODE[1:0]=00)。

00:模拟输入模式。

01:浮空输入模式(复位后的状态)。

10:上拉/下拉输入模式。

11:保留。

(2) 在输出模式(MODE[1:0]>00)。

00:通用推挽输出模式。

01:通用开漏输出模式。

10:复用功能推挽输出模式。

11:复用功能开漏输出模式。

(3) MODEy[1:0]:端口 x 的模式位(y=0,…,7),软件通过这些位配置相应的 I/O 端口,请参考表 4-2。

00:保留。

01:输出模式,最大输出频率为 10 MHz。

10:输出模式,最大输出频率为 2 MHz。

11:输出模式,最大输出频率为 50 MHz。

2. 端口配置高寄存器(GPIOx_CRH) (x=A,…,E)

偏移地址:0x04

复位值:0x4444 4444

31	30	29	28	27	26	25	24	23	22	21	20	19	18	17	16
CNF15[1:0]		MODE15[1:0]		CNF14[1:0]		MODE14[1:0]		CNF13[1:0]		MODE13[1:0]		CNF12[1:0]		MODE12[1:0]	
rw	rw	rw	rw	rw	rw	rw	rw	rw	rw	rw	rw	rw	rw	rw	rw
15	14	13	12	11	10	9	8	7	6	5	4	3	2	1	0
CNF11[1:0]		MODE11[1:0]		CNF10[1:0]		MODE10[1:0]		CNF9[1:0]		MODE9[1:0]		CNF8[1:0]		MODE8[1:0]	
rw	rw	rw	rw	rw	rw	rw	rw	rw	rw	rw	rw	rw	rw	rw	rw

3. 端口输入数据寄存器(GPIOx_IDR) (x=A,…,E)

地址偏移:0x08

复位值:0x0000 xxxx

31	30	29	28	27	26	25	24	23	22	21	20	19	18	17	16
保留															

15	14	13	12	11	10	9	8	7	6	5	4	3	2	1	0
IDR15	IDR14	IDR13	IDR12	IDR11	IDR10	IDR9	IDR8	IDR7	IDR6	IDR5	IDR4	IDR3	IDR2	IDR1	IDR0
r	r	r	r	r	r	r	r	r	r	r	r	r	r	r	r

位[31:16]　保留,始终读为0。

位[15:0]　IDRy[15:0]:端口输入数据(y=0,…,15),这些位为只读并只能以字(16位)的形式读出。读出的值为对应I/O口的状态。

4. 端口输出数据寄存器(GPIOx_ODR) (x=A,…,E)

地址偏移:**0Ch**

复位值:**0x0000 0000**

31	30	29	28	27	26	25	24	23	22	21	20	19	18	17	16
保留															

15	14	13	12	11	10	9	8	7	6	5	4	3	2	1	0
ODR15	ODR14	ODR13	ODR12	ODR11	ODR10	ODR9	ODR8	ODR7	ODR6	ODR5	ODR4	ODR3	ODR2	ODR1	ODR0
rw	rw	rw	rw	rw	rw	rw	rw	rw	rw	rw	rw	rw	rw	rw	rw

位[31:16]　保留,始终读为0。

位[15:0]　ODRy[15:0]:端口输出数据(y=0,…,15),这些位可读可写并只能以字(16位)的形式操作。

注:对GPIOx_BSRR(x=A…E),可以分别地对各个ODR位进行独立设置/清除。

5. 端口位设置/清除寄存器(GPIOx_BSRR) (x=A,…,E)

地址偏移:**0x10**

复位值:**0x0000 0000**

31	30	29	28	27	26	25	24	23	22	21	20	19	18	17	16
BR15	BR14	BR13	BR12	BR11	BR10	BR9	BR8	BR7	BR6	BR5	BR4	BR3	BR2	BR1	BR0
w	w	w	w	w	w	w	w	w	w	w	w	w	w	w	w

15	14	13	12	11	10	9	8	7	6	5	4	3	2	1	0
BS15	BS14	BS13	BS12	BS11	BS10	BS9	BS8	BS7	BS6	BS5	BS4	BS3	BS2	BS1	BS0
w	w	w	w	w	w	w	w	w	w	w	w	w	w	w	w

位[31:16]　这些位只能写入并只能以字(16位)的形式操作。

0:对对应的ODRy位不产生影响。

1:清除对应的ODRy位,将其置为0。

注:如果同时设置了BSy和BRy的对应位,BSy位起作用。

位[15:0]　BSy[15:0]:设置端口x的位y(y=0,…,15),这些位只能写入并只能以字(16位)的形式操作。

0:对对应的ODRy位不产生影响。
1:设置对应的ODRy位为1。

6. 端口位清除寄存器(GPIOx_BRR)(x=A,…,E)

地址偏移:**0x14**

复位值:**0x0000 0000**

31	30	29	28	27	26	25	24	23	22	21	20	19	18	17	16
							保留								

15	14	13	12	11	10	9	8	7	6	5	4	3	2	1	0
BR15	BR14	BR13	BR12	BR11	BR10	BR9	BR8	BR7	BR6	BR5	BR4	BR3	BR2	BR1	BR0
w	w	w	w	w	w	w	w	w	w	w	w	w	w	w	w

位[31:16]　保留。

位[15:0]　BRy[15:0]:清除端口x的位y(y=0,…,15),这些位只能写入并只能以字(16位)的形式操作。

0:对对应的ODRy位不产生影响。
1:清除对应的ODRy位,将其置为0。

7. 端口配置锁定寄存器(GPIOx_LCKR)(x=A,…,E)

当执行正确的写序列设置了位16(LCKK)时,该寄存器用来锁定端口位的配置。位[15:0]用于锁定GPIO端口的配置。在规定的写入操作期间,不能改变LCKP[15:0]。当对相应的端口位执行了LOCK序列后,在下次系统复位之前将不能再更改端口位的配置。每个锁定位锁定控制寄存器(CRL,CRH)中相应的4个位。

地址偏移:**0x18**

复位值:**0x0000 0000**

31	30	29	28	27	26	25	24	23	22	21	20	19	18	17	16
						保留									LCKK
															rw

15	14	13	12	11	10	9	8	7	6	5	4	3	2	1	0
LCK15	LCK14	LCK13	LCK12	LCK11	LCK10	LCK9	LCK8	LCK7	LCK6	LCK5	LCK4	LCK3	LCK2	LCK1	LCK0
rw	rw	rw	rw	rw	rw	rw	rw	rw	rw	rw	rw	rw	rw	rw	rw

位[31:17]　保留。

位[16]　LCKK:锁键(lock key),该位可随时读出,它只可通过锁键写入序列修改。

0:端口配置锁键位激活。
1:端口配置锁键位被激活,下次系统复位前GPIOx_LCKR寄存器被锁住。

锁键的写入序列:写1→写0→写1→读0→读1,最后一个读可省略,但可以用来确认锁键已被激活。

注:在操作锁键的写入序列时,不能改变LCK[15:0]的值。操作锁键写入序列中的任何错误将不能激活锁键。

位[15:0]　LCKy[15:0]:端口x的锁位y(y=0…15),这些位可读可写,但只能在

LCKK 位为 0 时写入。

0:不锁定端口的配置。

1:锁定端口的配置。

4.1.3 GPIO 库函数

1. GPIO 寄存器结构

GPIO 寄存器结构,GPIO_TypeDef 和 AFIO_TypeDef,在文件"stm32f10x_map.h"中定义如下:

```
typedef struct
{
    vu32 CRL;
    vu32 CRH;
    vu32 IDR;
    vu32 ODR;
    vu32 BSRR;
    vu32 BRR;
    vu32 LCKR;
} GPIO_TypeDef;

typedef struct
{
    vu32 EVCR;
    vu32 MAPR;
    vu32 EXTICR[4];
} AFIO_TypeDef;
```

GPIO 外设声明于文件"stm32f10x_map.h":

```
    ⋮
# define PERIPH_BASE ((u32)0x40000000)
# define APB1PERIPH_BASE PERIPH_BASE
# define APB2PERIPH_BASE (PERIPH_BASE + 0x10000)
# define AHBPERIPH_BASE (PERIPH_BASE + 0x20000)…
# define AFIO_BASE (APB2PERIPH_BASE + 0x0000)
# define GPIOA_BASE (APB2PERIPH_BASE + 0x0800)
# define GPIOB_BASE (APB2PERIPH_BASE + 0x0C00)
# define GPIOC_BASE (APB2PERIPH_BASE + 0x1000)
# define GPIOD_BASE (APB2PERIPH_BASE + 0x1400)
# define GPIOE_BASE (APB2PERIPH_BASE + 0x1800)
    ⋮
```

2. GPIO 库函数

GPIO 有 17 个库函数,见表 4-3 所示。详见 UM0427 文档《User manual,ARM®-based

32-bit MCU STM32F101xx and STM32F103xx firmware library(固件函数库用户手册)》。

表 4-3 GPIO 库函数

函 数 名	描 述
GPIO_DeInit	将外设 GPIOx 寄存器重设为缺省值
GPIO_AFIODeInit	将复用功能(重映射事件控制和 EXTI 设置)重设为缺省值
GPIO_Init	根据 GPIO_InitStruct 中指定的参数初始化外设 GPIOx 寄存器
GPIO_StructInit	把 GPIO_InitStruct 中的每一个参数按缺省值填入
GPIO_ReadInputDataBit	读取指定端口管脚的输入
GPIO_ReadInputData	读取指定的 GPIO 端口输入
GPIO_ReadOutputDataBit	读取指定端口管脚的输出
GPIO_ReadOutputData	读取指定的 GPIO 端口输出
GPIO_SetBits	设置指定的数据端口位
GPIO_ResetBits	清除指定的数据端口位
GPIO_WriteBit	设置或者清除指定的数据端口位
GPIO_Write	向指定 GPIO 数据端口写入数据
GPIO_PinLockConfig	锁定 GPIO 管脚设置寄存器
GPIO_EventOutputConfig	选择 GPIO 管脚用作事件输出
GPIO_EventOutputCmd	使能或者失能事件输出
GPIO_PinRemapConfig	改变指定管脚的映射
GPIO_EXTILineConfig	选择 GPIO 管脚用作外部中断线路

这里列举 2 个常用的函数。

(1) GPIO_SetBits 位置 1 函数,见表 4-4。

表 4-4 函数 GPIO_SetBits

函数名	GPIO_SetBits
函数原形	void GPIO_SetBits(GPIO_TypeDef * GPIOx, u16 GPIO_Pin)
功能描述	设置指定的数据端口位
输入参数 1	GPIOx:x 可以是 A,B,C,D 或者 E,来选择 GPIO 外设
输入参数 2	GPIO_Pin:待设置的端口位 该参数可以取 GPIO_Pin_x(x 可以是 0~15)的任意组合 参阅 Section:GPIO_Pin 查阅更多该参数允许的取值范围
输出参数	无
返回值	无
先决条件	无
被调用函数	无

应用举例：PA10 和 PA15 置 1，即输出高电平。
/* Set the GPIOA port pin 10 and pin 15 */
GPIO_SetBits(GPIOA，GPIO_Pin_10 | GPIO_Pin_15);
（2）GPIO_ResetBits 位清零函数，见表 4-5。

表 4-5 函数 GPIO_ResetBits

函数名	GPIO_ResetBits
函数原形	void GPIO_ResetBits(GPIO_TypeDef* GPIOx,u16 GPIO_Pin)
功能描述	清除指定的数据端口位
输入参数 1	GPIOx：x 可以是 A,B,C,D 或者 E，来选择 GPIO 外设
输入参数 2	GPIO_Pin：待清除的端口位 该参数可以取 GPIO_Pin_x(x 可以是 0～15)的任意组合 参阅 Section：GPIO_Pin 查阅更多该参数允许的取值范围
输出参数	无
返回值	无
先决条件	无
被调用函数	无

应用举例：PA10 和 PA15 清零，即输出低电平。
/* Clears the GPIOA port pin 10 and pin 15 */
GPIO_ResetBits(GPIOA，GPIO_Pin_10 | GPIO_Pin_15);

4.1.4 复用功能 I/O(AFIO)和调试配置

为了优化 100 脚封装的外设数目，可以把一些复用功能重新映射到其他引脚上。设置复用重映射和调试 I/O 配置寄存器(AFIO_MAPR)实现引脚的重新映射。这时，复用功能不再映射到它们的原始分配上。

1. 把 OSC32_IN/OSC32_OUT 作为 GPIO 端口 PC14/PC15

当 LSE 振荡器关闭时，LSE 振荡器引脚 OSC32_IN/OSC32_OUT 可以分别用作 GPIO 的 PC14/PC15，LSE 功能始终优先于通用 I/O 口的功能。

2. 把 OSC_IN/OSC_OUT 引脚作为 GPIO 端口 PD0/PD1

外部振荡器引脚 OSC_IN/OSC_OUT 可以用作 GPIO 的 PD0/PD1，通过设置复用重映射和调试 I/O 配置寄存器(AFIO_MAPR)实现。

3. JTAG/SWD 复用功能重映射

调试接口信号被映射到 GPIO 端口上，如表 4-6 所示。

还有其他的：CAN1、CAN2 复用功能重映射，ADC 复用功能重映射，定时器复用功能重映射，USART 复用功能重映射，I2C1 复用功能重映射，SPI1 复用功能重映射，SPI3 复用功能重映射等。

表 4-6 调试接口信号

复用功能	GPIO 端口
JTMS/SWDIO	PA13
JTCK/SWCLK	PA14
JTDI	PA15
JTDO/TRACESWO	PB3
JNTRST	PB4
TRACECK	PE2
TRACED0	PE3
TRACED1	PE4
TRACED2	PE5
TRACED3	PE6

4.1.5 AFIO 寄存器

这里只给出 AFIO_MAPR 及部分说明，其他查阅有关参考手册。

复用重映射和调试 I/O 配置寄存器（AFIO_MAPR）。

地址偏移：0x04

复位值：0x0000 0000

31	30	29	28	27	26	25	24	23	22	21	20	19	18	17	16
保留					SWJ_CFG[2:0]			保留			ADC2_E TRGREG _REMAP	ADC2_E TRGINJ _REMAP	ADC1_E TRGREG _REMAP	ADC1_E TRGINJ _REMAP	TIM5CH 4_IREM AP
					w	w	w								

15	14	13	12	11	10	9	8	7	6	5	4	3	2	1	0
PD01_ REMAP	CAN_REMAP [1:0]		TIM4_ REMAP	TIM3_REMAP [1:0]		TIM2_REMAP [1:0]		TIM1_REMAP [1:0]		USART3_REMAP [1:0]		USART2 _REMAP	USART1 _REMAP	I2C1_ REMAP	SPI1_ REMAP
rw	rw	rw	rw	rw	rw	rw	rw	rw	rw	rw	rw	rw	rw	rw	rw

部分说明：

位 31:27	保留
位 26:24	SWJ_CFG[2:0]：串行线 JTAG 配置（Serial wire JTAG configuration） 这些位只可由软件写（读这些位，将返回未定义的数值），用于配置 SWJ 和跟踪复用功能的 I/O 口。SWJ（串行线 JTAG）支持 JTAG 或 SWD 访问 Cortex 的调试端口。系统复位后的默认状态是启用 SWJ 但没有跟踪功能，这种状态下可以通过 JTMS/JTCK 脚上的特定信号选择 JTAG 或 SW（串行线）模式。 000：完全 SWJ（JTAG-DP+SW-DP），复位状态； 001：完全 SWJ（JTAG-DP+SW-DP），但没有 NJTRST； 010：关闭 JTAG-DP，启用 SW-DP； 100：关闭 JTAG-DP，启用 SW-DP； 其他组合：无作用

位 15	PD01——REMAP：端口 D0/端口 D1 映像到 OSC_IN/OSC_OUT（Port D0/Port D1 mapping on OSC_IN/OSC_OUT）
	该位可由软件置"1"或置"0"。它控制 PD0 和 PD1 的 GPIO 功能映像。当不使用主振荡器 HSE 时（系统运行于内部的 8 MHz 阻容振荡器），PD0 和 PD1 可以映像到 OSC_IN 和 OSC_OUT 引脚。此功能只能适用于 36、48 和 64 引脚的封装（PD0 和 PD1 出现在 100 脚和 144 脚的封装上，不必重映像）。 0：不进行 PD0 和 PD1 的重映像； 1：PD0 映像到 OSC_IN，PD1 映像到 OSC_OUT

4.1.6 GPIO 编程应用

GPIO 编程应用，包括管脚设置、单位设置/重置、锁定机制、从端口管脚读入或者向端口管脚写入数据等。

GPIO 有 2 种编程方法：直接寄存器操作、使用库函数，重点掌握使用库函数的编程方法。

4.1.6.1 直接寄存器操作

GPIO 的编程方法，可以直接寄存器操作，要求掌握 STM32 片内外设的寄存器和 RCC 寄存器等。

通常 GPIO 的软件编程分为 3 个部分或者 3 个步骤：
① 使能外设 GPIO 端口的时钟；
② 设置 GPIO 端口位的模式；
③ GPIO 端口位输出或者输入。

【实验 4-1】 点亮或熄灭 LED（直接寄存器操作）

1. 硬件设计

STM32F103xx 驱动 LED 电路原理部分见图 3-49、图 3-50 和图 4-2 所示。

2. 软件设计

(1) 设计分析。

I/O 特性见 2.4 小节 I/O 端口特性。

PC6 输出高电平 1 点亮 LED，输出低电平 0 熄灭 LED。

(2) 程序源码。

采用直接寄存器操作编程方法的程序如下。

```
/*****************************************************************
 * File Name         : main.c
 * Author            : Zhou_yinxiang, CDUESTC
 * Date First Issued :03/08/2014
 * Description       :点亮 或 熄灭 与 PC6 连接的 LED1
                     :直接操作寄存器，在 AS-05(STM32-SS),AS-07 上验证通过
 *****************************************************************/
# include "stm32f10x_lib.h"          //包含头文件
```

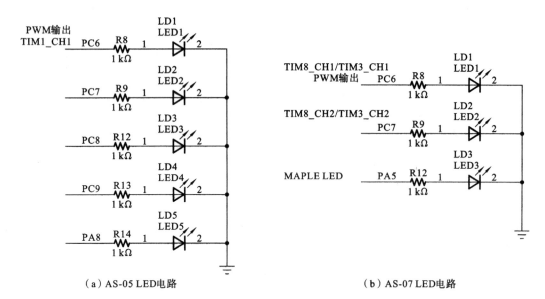

（a）AS-05 LED电路　　　　　　　　　（b）AS-07 LED电路

图 4-2　LED 电路

```
int main(void)                              //main 函数
{
    RCC-> APB2ENR|= 0X00000010;             //使能外设 PC 时钟

    GPIOC-> CRL&= 0XF0FFFFFF;
    GPIOC-> CRL|= 0X03000000;               //PC6 为推挽输出,其他位维持不变

    while(1)                                //进入无限循环执行
    {
        GPIOC-> BRR= 0x00000040;            //PC6 输出低电平 0,熄灭与 PC6 连接的 LED1
        GPIOC-> BSRR= 0x00000040;           //PC6 输出高电平 1,点亮与 PC6 连接的 LED1
    }
}
/******************************** END ********************************/
```

（3）程序分析。

实验程序分为 3 个部分或者 3 个步骤：

① 使能外设 GPIO PORTC 时钟；

② 设置 PC6 为 50 MHz 推挽输出；

③ PC6 输出低电平 0,熄灭与 PC6 连接的 LED1,或 PC6 输出高电平 1,点亮与 PC6 连接的 LED1。

说明：下文中加黑的文字是源程序代码,其后是分析说明或注释,后同。

stm32f10x_lib. h 头文件里又包含其他头文件如 stm32f10x_gpio. h、stm32f10x_rcc. h 等,部分内容如下：

```
# ifndef __STM32F10x_LIB_H
# define __STM32F10x_LIB_H
# include "stm32f10x_map.h"
...
# ifdef _GPIO
  # include "stm32f10x_gpio.h"
# endif /* _GPIO */
# ifdef _RCC
  # include "stm32f10x_rcc.h"
# endif /* _RCC */
void debug(void);
...
# endif /* __STM32F10x_LIB_H */
```

main 函数,在 STM32F10x. s 里,设置 IMPORT_main 为程序的入口。

STM32F10x. s 程序文件,上电后首先被执行,是 STM32 的启动运行环境的设置文件(Startup file),定义栈和定义堆并初始化、定义中断向量表、中断服务程序等,类似通用计算机主板的 BOIS,完成运行环境的设置并跳到用户 main 主函数开始执行用户程序。

这里仅说明 STM32F10x. s 文件的第 114 行开始的内容,即复位中断服务程序。

";Reset Handler ;Reset_Handler 仅仅执行了两个函数调用:一个是 SystemInit,另一个是_main。SystemInit 定义在 system_stm32f10x. c 中,主要初始化了 STM 的时钟系统:HSI,HSE,LSI,LSE,PLL,SYSCLK,USBCLK,APECLK 等。;_main 函数由编译器生成,负责初始化栈、堆等,并在最后跳转到用户自定义的 main()函数。

Reset_Handler   PROC;过程开始。PROC、ENDP 伪指令把程序段分为若干个过程。
EXPORT   Reset_Handler [WEAK];   [WEAK]是弱定义,如果在别处定义
    该标号,在链接时用别处的地址;如果没有定义,编译器以此处地址进行链接。
    EXPORT 告诉编译器该标号被外部文件引用。
IMPORT   _main;   _main 在其他文件里。
LDR   R0,=_main;   _main 的地址给 R0。
BX   R0 ;   ARM 指令集和 THUMB 指令集之间程序跳转。
ENDP   ;   过程的结束。

RCC->APB2ENR|=0X00000010,使用或等于运算,设置寄存器 RCC_APB2ENR(APB2 peripheral clock enable register,APB2 总线外设时钟使能寄存器)的位 4 即 IOPC EN 为 1,使能外设 PC 时钟,其他位的设置不变。此时系统时钟 SYSCLK 为 HIS,8 MHz。

RCC_APB2ENR 的位 4 的位名是 IOPC EN,设置 I/O 端口 C 时钟使能 (I/O port C clock enable),由软件置 1 时 I/O 端口 C 时钟开启,或清 0 时 I/O 端口 C 时钟关闭。

寄存器(RCC_APB2ENR)的信息如下:

RCC 寄存器:APB2 外设时钟使能寄存器(RCC_APB2ENR)

偏移地址:**0x18**

复位值:**0x0000 0000**

访问:字,半字和字节访问

31	30	29	28	27	26	25	24	23	22	21	20	19	18	17	16
保留															

15	14	13	12	11	10	9	8	7	6	5	4	3	2	1	0
ADC3 EN	USART1 EN	TIM8 EN	SPI1 EN	TIM1 EN	ADC2 EN	ADC1 EN	IOPG EN	IOPF EN	IOPE EN	IOPD EN	IOPC EN	IOPB EN	IOPA EN	保留	AFIO EN
rw	rw	rw	rw	rw	rw	rw	rw	rw	rw	rw	rw	rw	rw		rw

位说明如下:

位 8 由软件置"1"或清"0"。0:I/O 端口 G 时钟关闭;1:I/O 端口 G 时钟开启。

位 7 IOPFEN:I/O 端口 F 时钟使能(I/O port F clock enable),由软件置"1"或清"0"。0:I/O 端口 F 时钟关闭;1:I/O 端口 F 时钟开启。

位 6 IOPEEN:I/O 端口 E 时钟使能(I/O port E clock enable),由软件置"1"或清"0"。0:I/O 端口 E 时钟关闭;1:I/O 端口 E 时钟开启。

位 5 IOPDEN:I/O 端口 D 时钟使能(I/O port D clock enable),由软件置"1"或清"0"。0:I/O 端口 D 时钟关闭;1:I/O 端口 D 时钟开启。

位 4 IOPCEN:I/O 端口 C 时钟使能(I/O port C clock enable),由软件置"1"或清"0"。0:I/O 端口 C 时钟关闭;1:I/O 端口 C 时钟开启。

位 3 IOPBEN:I/O 端口 B 时钟使能(I/O port B clock enable),由软件置"1"或清"0"。0:I/O 端口 B 时钟关闭;1:I/O 端口 B 时钟开启。

位 2 IOPAEN:IO 端口 A 时钟使能(I/O port A clock enable),由软件置"1"或清"0"。0:I/O 端口 A 时钟关闭;1:I/O 端口 A 时钟开启。

位 1 保留,始终读为 0。

位 0 AFIOEN:辅助功能 I/O 时钟使能(Alternate function I/O clock enable),由软件置"1"或清"0"。0:辅助功能 I/O 时钟关闭;1:辅助功能 I/O 时钟开启。

详细参见 ST 厂家的文档 CD00171190(reference manual).pdf 的 8.3.7 APB2 peripheral clock enable register (RCC_APB2ENR)。

由于采用结构体写法,使用结构体成员运算符"."或用"->"来引用 RCC 的寄存器,所以写成 RCC->APB2ENR 而不是 RCC_APB2EN。RCC 寄存器结构体 RCC_TypeDef 在文件 stm32f10x_map.h 中定义如下:

```
/*--------------- Reset and Clock Control ------------------*/
typedef struct
{
  vu32 CR;
  vu32 CFGR;
  vu32 CIR;
  vu32 APB2RSTR;
  vu32 APB1RSTR;
  vu32 AHBENR;
```

```
    vu32 APB2ENR;
    vu32 APB1ENR;
    vu32 BDCR;
    vu32 CSR;
} RCC_TypeDef;
```

GPIOC->CRL&=0XF0FFFFFF,使用与等于运算,直接设置寄存器 GPIOC_CRL 的位 27、26、25、24,即 CNF6、MODE6 为 0000,就是将要设置的位清零,不设置的位保留维持不变,参见 4.1.1 小节的表 4-1 和表 4-2。

寄存器 GPIOx_CRL 的信息,具体参见 4.1.2 小节的端口配置低寄存器 GPIOx_CRL,更详细的信息参见 ST 厂家的文档 CD00171190(reference manual).pdf 的 9.2.1 Port configuration register low (GPIOx_CRL)(x=A,…,G)。

GPIOC_CRL 的地址在 stm32f10x_map.h 文件里定义为 PERIPH_BASE + APB2PERIPH_BASE + GPIOC_BASE=0x40000000 + 0x10000 + 0x1000,再加上偏移地址:0x00。

复位值:0x4444 4444,就是设置每个端口位的工作模式为浮空输入。

CNF6[1:0]=00,端口 C 配置位 6 配置 00 为模拟输入模式(输入模式时)。

MODE6[1:0]=00,端口 C 的模式位 6 配置 00 为输入模式(复位后的状态)。

GPIOC->CRL|=0X03000000,使用或等于运算,直接设置寄存器 GPIOC_CRL 的位 27、26、25、24,即 CNF6、MODE6 为 0011,就是设置 PC6 为速度 50 MHz 推挽输出。

CNF6[1:0]=00,端口 C 配置位 6 配置 00 为通用推挽(推拉)输出模式(输出模式时)。

MODE6[1:0]=11,端口 C 的模式位 6 配置 11 为最大输出速度(50 MHz)。

注意领会,先将 GPIOC->CRL&=0XF0FFFFFF,再将 GPIOC->CRL|=0X03000000,这 2 行程序的写法,只改变要改变的,其他的维持不变。

GPIOC->BRR=0x00000040,直接操作 GPIOC_BRR 寄存器,设置为 0000 0000 0000 0000 0000 0000 0100 0000B,即设置 BR6=1、PC6 输出低电平 0,熄灭与 PC6 连接的 LED1。

GPIOC_BRR 寄存器的信息具体参见 4.1.2 小节的端口位设清除寄存器(GPIOx_BRR)(x=A,…,E),更详细的信息参见 ST 厂家的文档 CD00171190(reference manual).pdf 的 9.2.6 Port bit reset register(GPIOx_BRR)(x=A,…,G)。

特别注意:BR6=1 是有效操作清 0,即输出低电平,而 BR6=0 是无效操作。

GPIOC->BSRR=0x00000040,直接操作 GPIOC_BSRR 寄存器,设置为 0000 0000 0000 0000 0000 0000 0100 0000B,即设置 BS6=1、PC6 输出高电平 1,点亮与 PC6 连接的 LED1。

GPIOC_BSRR 寄存器的信息具体参见 4.1.2 章节的端口位设置/清除寄存器(GPIOx_BSRR)(x=A..E),更详细的信息参见 ST 厂家的文档 CD00171190(Reference Manual).pdf 的 9.2.5 Port bit set/reset register(GPIOx_BSRR)(x=A,…,G)。

特别注意:BS6=1 是有效操作置 1 即输出高电平,而 BS6=0 是无效操作,不会清零,即输出低电平,要操作 BR6=1,即 GPIOC->BSRR=0x00400000,才是有效清零,即输出低电平。

3. 实验过程与现象

见本书的 4.2 章节。

注意：将 while(1) 里的两行程序分别运行，可以观察到 LED1 分别驱动后熄灭、点亮，如果同时运行则快速熄灭和点亮切换，则 LED1 发光但是亮度低于一直点亮时的亮度。

4.1.6.2 使用 ST 的库函数编程

使用库函数的 GPIO 的编程方法，不要求掌握 STM32 硬件底层的详细知识，比如片内外设的寄存器等，只需要知道相应库函数如何使用就可以了，这时可以看相应库函数的源函数，或者看 ST 的库函数手册。

ST 的库函数介绍见 3.3 小节。我们这里使用 ST 的 V2.0.1 版库函数。

【实验 4-2】 点亮或熄灭 LED（使用 ST 的库函数）

1. 硬件设计

STM32F103xx 驱动 LED 电路原理部分见图 3-49、图 3-50 和图 4-2 所示。

2. 软件设计

（1）设计分析。

I/O 特性见 2.4 小节 I/O 端口静态特性。

PC6 输出高电平 1 点亮，输出低电平 0 熄灭 LED。

使用库函数 GPIO 编程步骤：使能 GPIO 的时钟；设置 GPIO 的方向；GPIO 输出 0 或者 1，输入 0 或者 1。

（2）程序源码。

使用 ST 的函数库编程方法的程序如下（注意工程中需有库文件 STM32F10xR.LIB 或者库函数）：

```
/*******************************************************************/
* File Name           : main.c
* Author              : Zhou_yinxiang, CDUESTC
* Date First Issued   : 03/08/2014
* Description         : 点亮或熄灭与 PC6 连接的 LED1
                        使用 ST 的库函数,MDK4.7,最简 RCC 配置,在 AS-05(STM32-SS),
AS-07 上验证通过
********************************************************************/
/* Includes ------------------------------------------------------ */
# include "stm32f10x_lib.h"           //包含头文件

/* Private function prototypes ---------------------------------- */
void RCC_Configuration(void);         //函数声明
void GPIO_Configuration(void);        //函数声明


/* Private functions -------------------------------------------- */


/******************************************************************
```

```
* Function Name           : main
* Description             : Main program.
* Input                   : None
* Output                  : None
* Return                  : None
**************************************************************************/
int main(void)//main 函数,在 STM32F10x.s 里,设置 IMPORT  __main 为程序的入口
{
    /* Configure the system clocks */
    RCC_Configuration();            //调用设置系统时钟函数

    /* Configure the GPIO ports */
    GPIO_Configuration();           //调用设置 GPIO 端口函数

    while(1)
    {
      GPIO_ResetBits(GPIOC, GPIO_Pin_6);        //PC6 输出低电平,熄灭 LED1
      GPIO_SetBits(GPIOC, GPIO_Pin_6);          //PC6 输出高电平,点亮 LED1
    }

}
/***************************************************************************
* Function Name           : RCC_Configuration
* Description             : Configures the different system clocks.
* Input                   : None
* Output                  : None
* Return                  : None
**************************************************************************/
void RCC_Configuration(void)        //设置系统时钟函数
{
    /* Enable GPIOA clocks */
    RCC_APB2PeriphClockCmd(RCC_APB2Periph_GPIOC, ENABLE);//使能 GPIOC 的时钟
}


/***************************************************************************
* Function Name           : GPIO_Configuration
* Description             : Configures the different GPIO ports.
* Input                   : None
* Output                  : None
* Return                  : None
**************************************************************************/
void GPIO_Configuration(void)       //设置 GPIO 端口函数
{
```

```
        GPIO_InitTypeDef GPIO_InitStructure;//GPIO_InitStructure 是 GPIO_Init-
TypeDef 结构体

        /* Configure PC6 as Output push-pull */
        GPIO_InitStructure.GPIO_Pin= GPIO_Pin_6;          //结构体成员 GPIO_Pin 赋值
        GPIO_InitStructure.GPIO_Speed= GPIO_Speed_50 MHz;
                                                          //结构体成员 GPIO_Speed 赋值
        GPIO_InitStructure.GPIO_Mode= GPIO_Mode_Out_PP;
                                                          //结构体成员 GPIO_Mode 赋值
        GPIO_Init(GPIOC, &GPIO_InitStructure);
                                 //按照上面赋值的结构体初始化 GPIOC 端口,
                                 //就是设置 PC6 为速度是 50 MHz 的推挽(推拉)输出工作模式

    }


    /*************** (C) COPYRIGHT 2007 STMicroelectronics ***** END OF FILE ****/
```

（3）程序分析。

实验程序分为 3 个部分或者 3 个步骤：

① RCC_Configuration 函数使能外设 GPIO PORTC 时钟；

② GPIO_Configuration 函数设置 PC6 为 50 MHz 推挽输出；

③ GPIO_ResetBits 库函数设置 PC6 输出低电平 0，熄灭与 PC6 连接的 LED1，GPIO_SetBits 库函数设置 PC6 输出高电平 1，点亮与 PC6 连接的 LED1。

GPIO_ResetBits(GPIOC，GPIO_Pin_6)，PC6 输出低电平，熄灭 LED1。源函数在 stm32f10x_gpio. 中，如下：

```
/*******************************************************************************
* Function Name    : GPIO_ResetBits
* Description      : Clears the selected data port bits.
* Input            : - GPIOx: where x can be (A..G) to select the GPIO peripheral.
*                    - GPIO_Pin: specifies the port bits to be written.
*                      This parameter can be any combination of GPIO_Pin_x where
*                      x can be (0..15).
* Output           : None
* Return           : None
*******************************************************************************/
void GPIO_ResetBits(GPIO_TypeDef* GPIOx, u16 GPIO_Pin)
{
  /* Check the parameters */
  assert_param(IS_GPIO_ALL_PERIPH(GPIOx));
  assert_param(IS_GPIO_PIN(GPIO_Pin));

  GPIOx-> BRR= GPIO_Pin;
}
```

程序解释如下：

函数名是 GPIO_ResetBits，函数功能端口清 0 就是输出低电平，输入参数 GPIOx（对于 STM32F103VET6，x＝A，B，C，D，E，如 GPIOC）、GPIO_Pin_x（x＝0，1，2，…，15，如 GPIO_Pin_6），输出参数无，返回无。

assert_param(IS_GPIO_ALL_PERIPH(GPIOx))，检查参数是不是 GPIOx 如 GPIOC。

assert_param(IS_GPIO_PIN(GPIO_Pin))，检查参数是不是 GPIO_Pin 如 GPIO_Pin_6。

GPIOx－＞BRR＝GPIO_Pin，实际上操作的是 BRR 寄存器。

GPIO_SetBits（GPIOC，GPIO_Pin_6）；//PC6 输出高电平，点亮 LED1，源函数在 stm32f10x_gpio.c 中，如下：

```
/*******************************************************************
 * Function Name    : GPIO_SetBits
 * Description      : Sets the selected data port bits.
 * Input            : -GPIOx: where x can be (A..G) to select the GPIO peripheral.
 *                    -GPIO_Pin: specifies the port bits to be written.
 *                     This parameter can be any combination of GPIO_Pin_x where
 *                     x can be (0..15).
 * Output           : None
 * Return           : None
 *******************************************************************/
void GPIO_SetBits(GPIO_TypeDef* GPIOx, u16 GPIO_Pin)
{
    /* Check the parameters */
    assert_param(IS_GPIO_ALL_PERIPH(GPIOx));
    assert_param(IS_GPIO_PIN(GPIO_Pin));

    GPIOx-> BSRR= GPIO_Pin;
}
```

程序解释如下：

函数名是 GPIO_SetBits，函数功能端口置 1 就是输出高电平，输入参数 GPIOx（对于 STM32F103VET6，x＝A，B，C，D，E，如 GPIOC）、GPIO_Pin_x（x＝0，1，2，…，15，如 GPIO_Pin_7），输出参数无，返回无。

GPIOx－＞BSRR＝GPIO_Pin，实际上操作的是 BSRR 寄存器。

```
/*******************************************************************
 * Function Name    : RCC_Configuration
 * Description      : Configures the different system clocks.
 * Input            : None
 * Output           : None
 * Return           : None
 *******************************************************************/
void RCC_Configuration(void)//设置系统时钟函数
{
```

```
                /* Enable GPIOA clocks */
                RCC_APB2PeriphClockCmd(RCC_APB2Periph_GPIOC, ENABLE);//使能 GPIOC 的时钟

        }
```

void RCC_Configuration(void),设置系统时钟函数,使用库函数 RCC_APB2Periph ClockCmd,源函数在 stm32f10x_rcc.c 文件中,如下:

```
/*******************************************************************************
*   Function Name : RCC_APB2PeriphClockCmd
*   Description   : Enables or disables the High Speed APB (APB2) peripheral clock.
*   Input         : -RCC_APB2Periph: specifies the APB2 peripheral to gates its
*                   clock.
*                   This parameter can be any combination of the following values:
*                    - RCC_APB2Periph_AFIO, RCC_APB2Periph_GPIOA, RCC_APB2Periph_GPIOB,
*                      RCC_APB2Periph_GPIOC, RCC_APB2Periph_GPIOD, RCC_APB2Periph_GPIOE,
*                      RCC_APB2Periph_GPIOF, RCC_APB2Periph_GPIOG, RCC_APB2Periph_ADC1,
*                      RCC_APB2Periph_ADC2, RCC_APB2Periph_TIM1, RCC_APB2Periph_SPI1,
*                      RCC_APB2Periph_TIM8, RCC_APB2Periph_USART1, RCC_APB2Periph_ADC3,
*                      RCC_APB2Periph_ALL
*                    - NewState: new state of the specified peripheral clock.
*                      This parameter can be: ENABLE or DISABLE.
*   Output        : None
*   Return        : None
*******************************************************************************/
void RCC_APB2PeriphClockCmd(u32 RCC_APB2Periph, FunctionalState NewState)
{
    /* Check the parameters */
    assert_param(IS_RCC_APB2_PERIPH(RCC_APB2Periph));
    assert_param(IS_FUNCTIONAL_STATE(NewState));

    if (NewState != DISABLE)
    {
        RCC-> APB2ENR |= RCC_APB2Periph;
    }
    else
    {
        RCC-> APB2ENR &= ~RCC_APB2Periph;
    }
}
```

程序解释如下:

函数名是 RCC_APB2PeriphClockCmd,功能是使能或者失能 APB2 外设的时钟,输入参数是 RCC_APB2Periph 外设如 RCC_APB2Periph_GPIOC,NewState 新状态如 ENABLE。

RCC->APB2ENR |=RCC_APB2Periph,实际操作的是 RCC_APB2ENR 寄存器。

void GPIO_Configuration(void),设置 GPIO 端口函数,使用了库函数 GPIO_Init,源函数在 stm32f10x_gpio.c 文件中,如下:

```
/*******************************************************************
Function Name : GPIO_Init
* Description: Initializes the GPIOx peripheral according to the specified
*              parameters in the GPIO_InitStruct.
* Input       : - GPIOx: where x can be (A..G) to select the GPIO peripheral.
*               - GPIO_InitStruct: pointer to a GPIO_InitTypeDef structure that
*                 contains the configuration information for the specified GPIO
*                 peripheral.
* Output      : None
* Return      : None
*******************************************************************/
void GPIO_Init(GPIO_TypeDef* GPIOx, GPIO_InitTypeDef* GPIO_InitStruct)
{
  u32 currentmode= 0x00, currentpin= 0x00, pinpos= 0x00, pos= 0x00;
  u32 tmpreg= 0x00, pinmask= 0x00;

  /* Check the parameters */
  assert_param(IS_GPIO_ALL_PERIPH(GPIOx));
  assert_param(IS_GPIO_MODE(GPIO_InitStruct-> GPIO_Mode));
  assert_param(IS_GPIO_PIN(GPIO_InitStruct-> GPIO_Pin));

/*--------------------- GPIO Mode Configuration --------------------*/
  currentmode= ((u32)GPIO_InitStruct-> GPIO_Mode) & ((u32)0x0F);

  if ((((u32)GPIO_InitStruct-> GPIO_Mode) & ((u32)0x10)) != 0x00)
  {
    /* Check the parameters */
    assert_param(IS_GPIO_SPEED(GPIO_InitStruct-> GPIO_Speed));
    /* Output mode */
    currentmode |= (u32)GPIO_InitStruct-> GPIO_Speed;
  }

/*--------------------- GPIO CRL Configuration --------------------*/
  /* Configure the eight low port pins */
  if (((u32)GPIO_InitStruct-> GPIO_Pin & ((u32)0x00FF)) != 0x00)
  {
    tmpreg= GPIOx-> CRL;

    for (pinpos= 0x00; pinpos < 0x08; pinpos++)
    {
```

```c
      pos= ((u32)0x01)<< pinpos;
      /* Get the port pins position */
      currentpin= (GPIO_InitStruct-> GPIO_Pin) & pos;

      if (currentpin==pos)
      {
        pos= pinpos<< 2;
        /* Clear the corresponding low control register bits */
        pinmask= ((u32)0x0F)<< pos;
        tmpreg &= ~pinmask;

        /* Write the mode configuration in the corresponding bits */
        tmpreg |= (currentmode<< pos);

        /* Reset the corresponding ODR bit */
        if (GPIO_InitStruct-> GPIO_Mode==GPIO_Mode_IPD)
        {
          GPIOx-> BRR= (((u32)0x01)<< pinpos);
        }
        /* Set the corresponding ODR bit */
        if (GPIO_InitStruct-> GPIO_Mode==GPIO_Mode_IPU)
        {
          GPIOx-> BSRR= (((u32)0x01)<< pinpos);
        }
      }
    }
    GPIOx-> CRL= tmpreg;
  }

/*-------------------------- GPIO CRH Configuration --------------------- */
  /* Configure the eight high port pins */
  if (GPIO_InitStruct-> GPIO_Pin > 0x00FF)
  {
    tmpreg= GPIOx-> CRH;
    for (pinpos= 0x00; pinpos < 0x08; pinpos++ )
    {
      pos= (((u32)0x01)<< (pinpos + 0x08));
      /* Get the port pins position */
      currentpin= ((GPIO_InitStruct-> GPIO_Pin) & pos);
      if (currentpin==pos)
      {
        pos= pinpos<< 2;
        /* Clear the corresponding high control register bits */
        pinmask= ((u32)0x0F)<< pos;
```

```
            tmpreg &= ~pinmask;

            /* Write the mode configuration in the corresponding bits */
            tmpreg |= (currentmode<< pos);

            /* Reset the corresponding ODR bit */
            if (GPIO_InitStruct-> GPIO_Mode==GPIO_Mode_IPD)
            {
              GPIOx-> BRR= (((u32)0x01)<< (pinpos + 0x08));
            }
            /* Set the corresponding ODR bit */
            if (GPIO_InitStruct-> GPIO_Mode==GPIO_Mode_IPU)
            {
              GPIOx-> BSRR= (((u32)0x01)<< (pinpos + 0x08));
            }
          }
        }
        GPIOx-> CRH= tmpreg;
      }
    }
```

关键程序解释如下：

函数名是 GPIO_Init,函数的功能是按照 GPIO_InitStruct 结构体初始化 GPIOx。

输入参数是 GPIOx、指向 GPIO_InitStruct。

currentmode |=(u32)GPIO_InitStruct—>GPIO_Speed,设置 GPIO 端口模式。

GPIOx—>BRR=(((u32)0x01)≪(pinpos + 0x08)),操作 BRR 寄存器。

GPIOx—>BSRR=(((u32)0x01)≪pinpos),操作 BSRR 寄存器。

void GPIO_Configuration(void),设置 GPIO 端口函数,分别解释如下：

GPIO_InitTypeDef GPIO_InitStructure,GPIO_InitStructure 定义为 GPIO_InitTypeDef 结构体,在 stm32f10x_gpio.h 文件里定义如下：

```
    /* GPIO Init structure definition */
    typedef struct
    {
        u16 GPIO_Pin;
        GPIOSpeed_TypeDef GPIO_Speed;
        GPIOMode_TypeDef GPIO_Mode;
    }GPIO_InitTypeDef;
```

GPIO_InitStructure.GPIO_Pin=GPIO_Pin_6,结构体成员 GPIO_Pin 赋值,可以是 GPIO_Pin_0,GPIO_Pin_1,…,GPIO_Pin_15,GPIO_Pin_All 中的一个,也可以是多个或运算,如 GPIO_InitStructure.GPIO_Pin=GPIO_Pin_6 | GPIO_Pin_7。

GPIO_InitStructure.GPIO_Speed=GPIO_Speed_50 MHz,结构体成员 GPIO_Speed 赋

值,可以是 GPIO_Speed_10 MHz、GPIO_Speed_2MHz、GPIO_Speed_50 MHz 中的一个。

GPIO_InitStructure.GPIO_Mode=GPIO_Mode_Out_PP,结构体成员 GPIO_Mode 赋值,可以是 GPIO_Mode_AIN,GPIO_Mode_IN_FLOATING,GPIO_Mode_IPD,GPIO_Mode_IPU,GPIO_Mode_Out_OD,GPIO_Mode_Out_PP,GPIO_Mode_AF_OD,GPIO_Mode_AF_PP 中的一个。

GPIO_Init(GPIOC,&GPIO_InitStructure),按照上面赋值的结构体初始化 GPIOC 端口,就是设置 PC6 为速度是 50 MHz 的推挽(推拉)输出工作模式。

4. 实验过程与现象

见 4.2 章节。

4.2 STM32 的实验过程

本节是 4.1 小节 GPIO 编程应用实验 1 和实验 2 的继续,详细介绍实验过程与现象。

STM32 开发或实验过程,分两大部分:硬件设计和软件设计。这里假设已经完成 STM32 实验板的硬件设计,因此只介绍软件设计,主要是 MDK 的使用及程序的下载和运行等。

使用 ST 提供的库函数的方法见 3.3 小节。这里重点讲述建立工程的方法,包括关闭原工程,新建工程,选择相应的 MCU;编写源程序并添加到该工程中;编译、链接、调试源程序;仿真、调试程序,下载并运行验证程序。

4.2.1 新建工程

MDK 采用一个 project 工程项目管理文件(*.uv2)来保存、记录、管理用户在系统软件开发中所使用和生成的各种文件,以及保存用户的开发环境配置参数和设置情况等。

1. 打开 MDK

双击 Windows 桌面 MDK3.80a 图标 或者 MDK4.23 图标 ,打开 MDK,如图 4-3 所示。

2. 关闭以前的工程项目管理 project 文件

首先要关闭以前的工程项目。点击"Project"主菜单,再点击"Close Project",该操作可简单表示成:Project→CloseProject,如图 4-4 所示。这样就将 MDK 恢复到初始空白工作状态,如图 4-5 所示。

3. 新建工程项目

新工程建立的过程中,需要配置工程参数。包括选择新建工程存储的路径、名称、选择 MCU 等。这个过程包括五个步骤:

(1)新建一个工程。

(2)创建文件夹"GPIO_Test_1"或选择已有的文件夹,存储工程。

(3)给工程命名,项目的名称由用户定义,在例子中我们用了"GPIO",键入新建的工程文件名就可以了,MDK 会自动添加其扩展名.uv2。

第 4 章 STM32 基础入门

图 4-3 打开 MDK

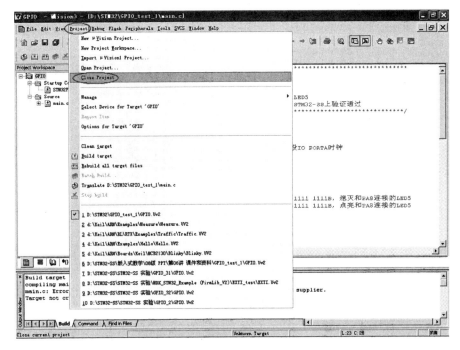

图 4-4 关闭 MDK

说明：MDK4.0 以后版本的扩展名为．uvproj。

（4）选择 MCU，要与硬件一致，AS-05 实验板是 STM32F103VBT6，AS-07 实验板是 STM32F103VET6。

（5）添加启动代码。

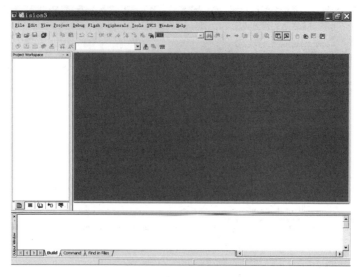

图 4-5　MDK 初始空白状态

具体操作为 Project→New μVision Project，如图 4-6、图 4-7 所示。

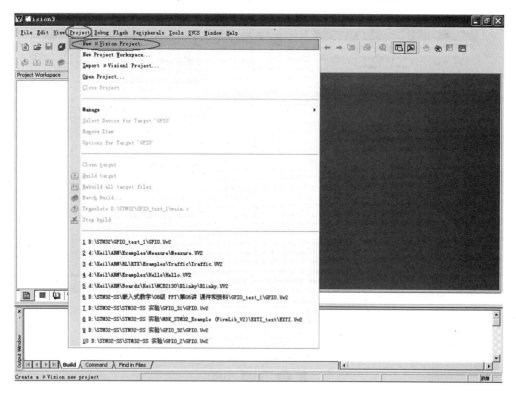

图 4-6　新建工程

新建工程保存在 D:\STM32 文件夹里。
创建新文件夹，保存工程，如图 4-8 所示。
将新文件夹命名为 GPIO_Test_1，如图 4-9 所示。

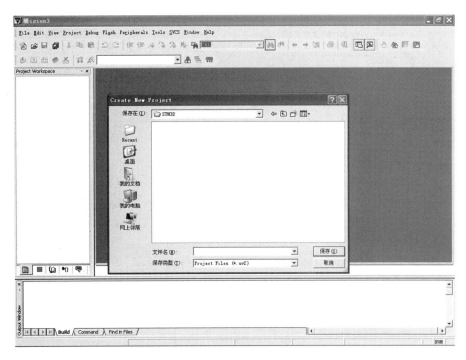

图 4-7 新建工程保存路径

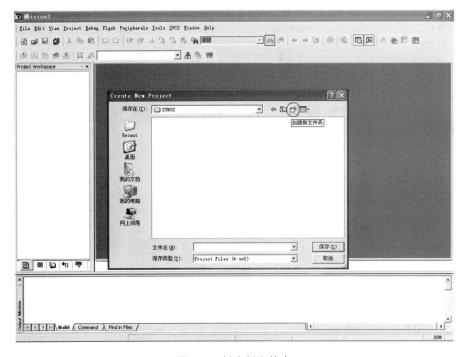

图 4-8 创建新文件夹

双击打开文件夹"GPIO_Test_1",给新建立的工程命名为"GPIO",如图 4-10 所示。选择 MCU 厂家为 STMicroelectronics,如图 4-11 所示。

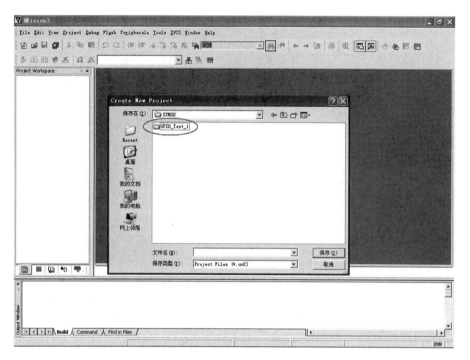

图 4-9 新文件夹命名

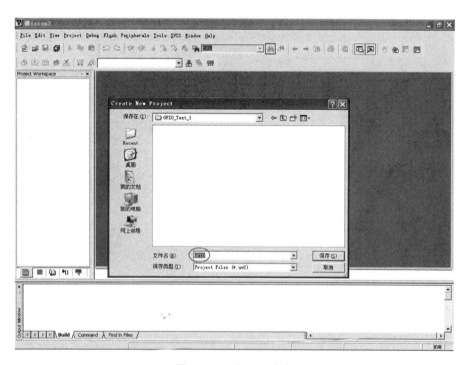

图 4-10 工程项目命名

AS-05 实验板选择 MCU 为 STM32F103VBT6，AS-07 实验板选择 MCU 为 STM32F103VET6，如图 4-12 所示。MCU 在 MDK 里显示是 CPU。

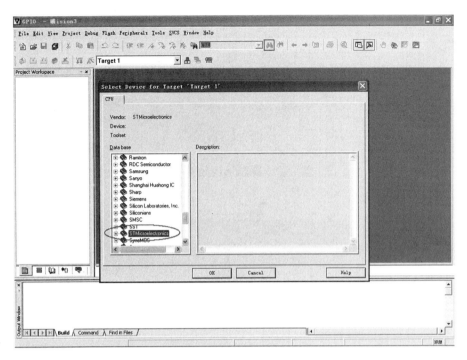

图 4-11　选择 MCU 厂家

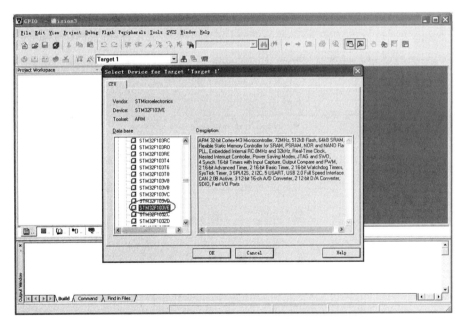

图 4-12　选择 MCU：STM32F103VE

特别说明：如果是使用 ST 的库函数的工程模板，见 3.3 小节，一定要将工程模板的 MCU 型号更改为自己的实验板使用的 MCU 型号，具体操作见 4.3.5 小节中的图 4-70。

添加启动代码，如图 4-13 所示。

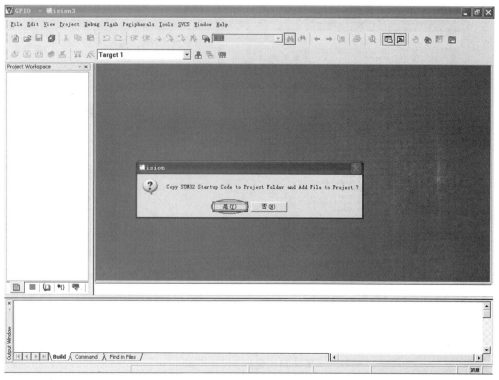

图 4-13　添加启动代码

单击 Source Group 1 左边的＋号，再双击 STM32F10x.s，就查看到启动代码，如图4-14所示。

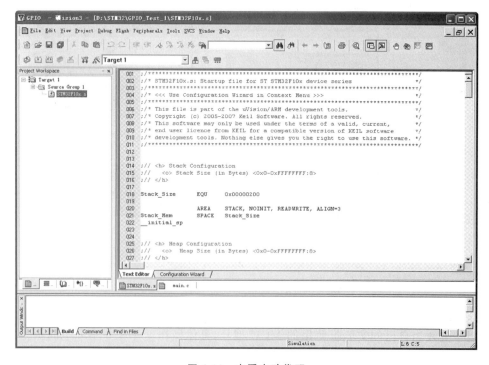

图 4-14　查看启动代码

4.2.2 编写源程序并添加到该工程中

新工程项目建立后,就要新编写源程序,并添加到该工程项目中去。当然,如果已经有了源程序文件,则直接添加到该工程项目中去就可以了。该过程包括新建立一个源程序编辑窗口,保存为.c文件,键入程序代码,修改工程的一些项目名称,最后添加.c文件到该工程项目中去。这个过程包括五个步骤:

(1) 新建一个空白源程序编辑窗口。
(2) 保存为.c文件,这里命名该文件为"main.c"。
(3) 键入C语言程序代码,并保存。
(4) 修改工程的一些项目名称,如目标名称,源程序分门别类存放的文件夹名称等。
(5) 添加源文件到该工程。

点击快捷图标,新建一个空白源程序编辑窗口,如图4-15、图4-16所示。

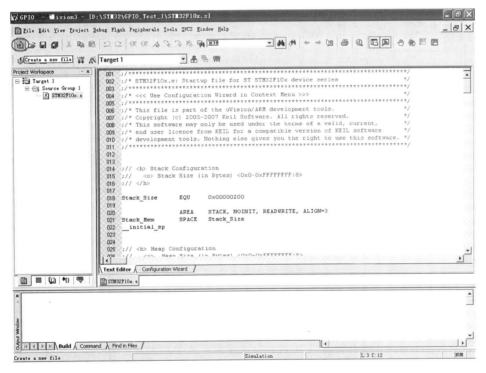

图4-15 新建一个空白源程序编辑窗口

保存为.c文件,这里命名该文件为"main.c",如图4-17所示。

键入C语言程序代码,并保存,如图4-18所示。

修改工程的一些项目设置,点击项目设置图标,如图4-19所示。

双击并修改目标名称为"GPIO",源程序存放文件夹名称为"User",如图4-20、图4-21所示。

点击Add Files,添加源文件到该工程,如图4-22所示。

先点击选择要添加的文件main.c,再点击Add按钮,如图4-23所示。

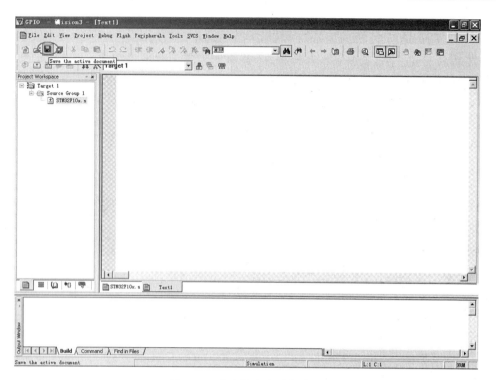

图 4-16　空白源程序编辑窗口

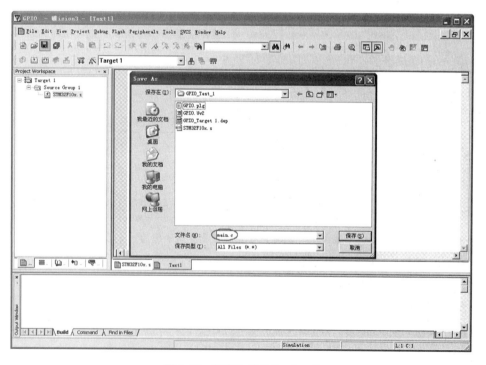

图 4-17　保存文件为"main.c"

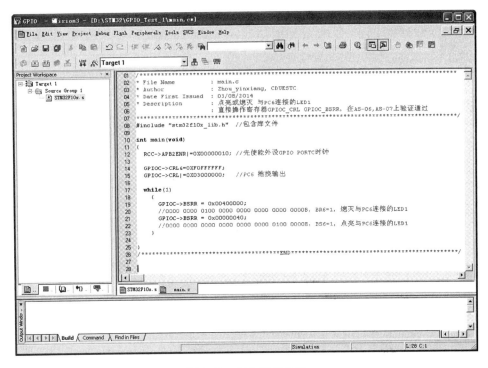

图 4-18 键入程序代码

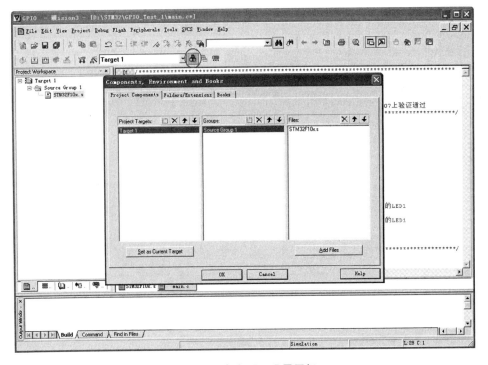

图 4-19 点击项目设置图标

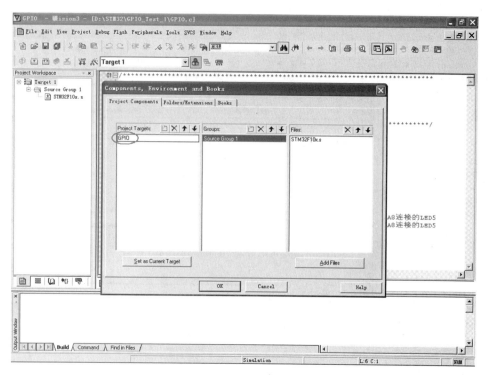

图 4-20 修改工程目标名称

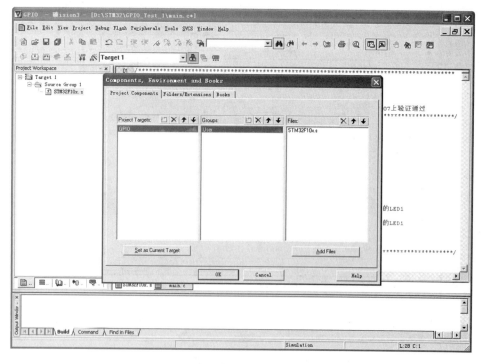

图 4-21 修改源程序存储文件夹名称

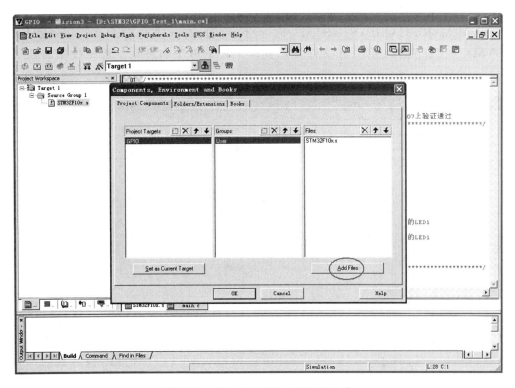

图 4-22 点击 Add Files 添加源文件

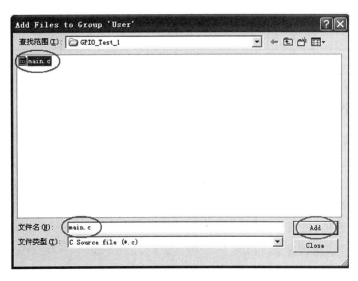

图 4-23 添加源程序文件 GPIO.c

点击 OK，在项目工作管理窗口看见项目"GPIO"和 2 个源程序"STM32F10x.s""mian.c"，如图 4-24 所示。

特别说明：如果是使用库函数的编程方法，必须添加库文件 STM32F10xR.LIB，具体是从 D:\Keil\ARM\RV31\LIB\ST 复制 STM32F10xR.LIB 到工程文件夹，再如同图 4-22

和图 4-23 一样添加 STM32F10xR.LIB 到工程里；或者直接添加库函数的源文件，就是将 D:\Keil\ARM\RV31\LIB\ST\STM32F10x 下面的所有.c 文件和 D:\Keil\ARM\INC\ST\STM32F10x 下面的所有.h 文件复制到本工程下再添加进来。具体操作参见 3.3.3 小节。

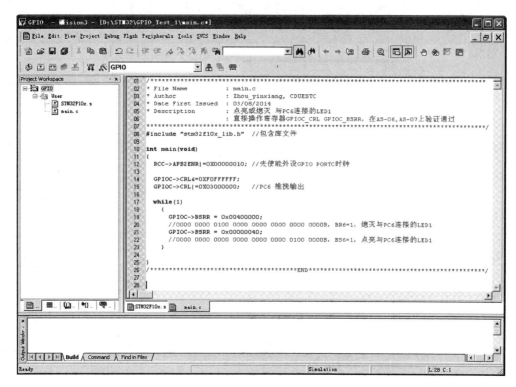

图 4-24　完成添加源程序文件

4.2.3　编译、链接、调试源程序

编译、链接、调试源程序之前，需要设置输出选项。这个过程包括三个步骤：
(1) 设置输出选项，生成下载 hex 文件。
(2) 设置输出选项，创建存储编译、链接产生的输出文件的目标文件夹。
(3) 编译、链接源程序。

1. 设置输出选项，生成下载 hex 文件

点击目标设置快捷图标，如图 4-25 所示。

在弹出的目标设置对话框中，默认选项卡是 MCU 目标机：STM32F103VE，晶振设置为 8.0 MHz，片内 ROM 地址起始地址、大小，片内 RAM 地址起始地址、大小等，如图 4-26 所示。

2. 设置输出选项

创建存储编译、链接产生的输出文件的目标文件夹 Obj、Lst，选择目标文件夹，如图 4-27、图 4-28 所示。

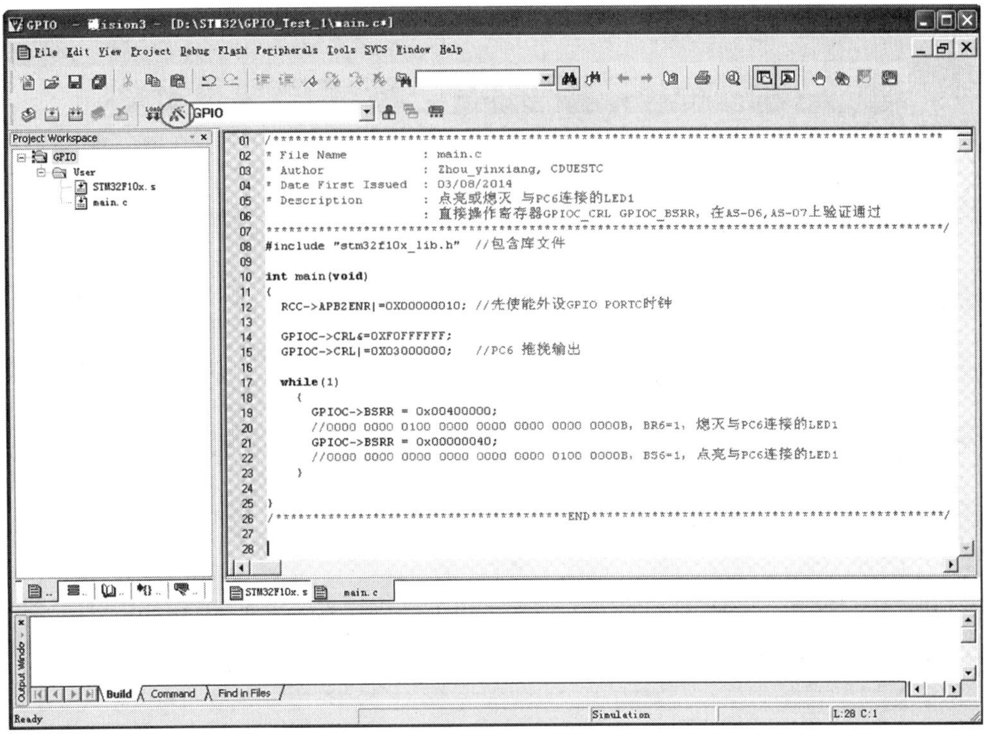

图 4-25 点击目标设置快捷图标

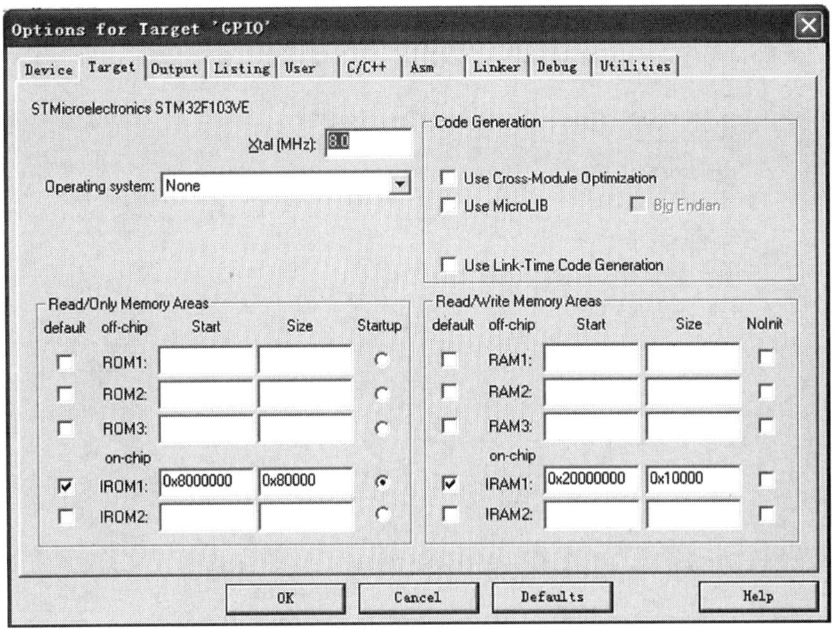

图 4-26 显示目标 MCU

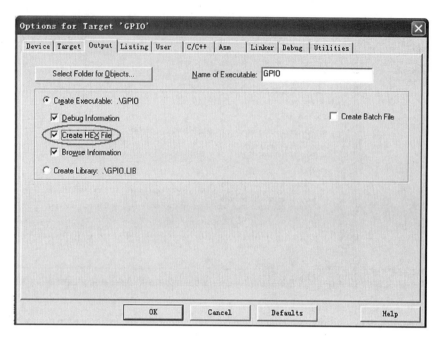

图 4-27　生成下载 HEX 文件

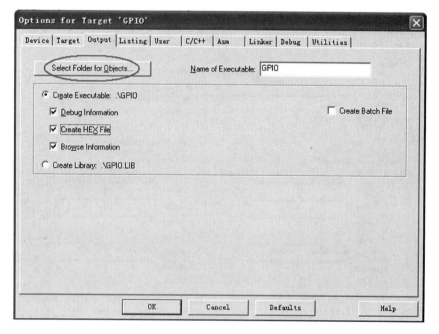

图 4-28　选择编译输出目标文件夹

创建编译输出目标文件夹,如图 4-29 所示。

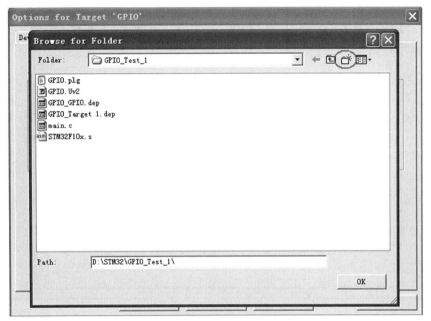

图 4-29 创建目标文件夹

命名编译输出目标文件夹为 Obj,如图 4-30 所示。

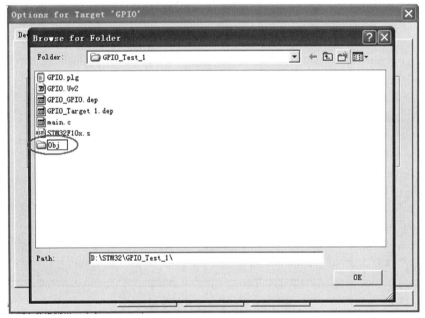

图 4-30 命名目标文件夹

双击打开 Obj 文件夹,点击 OK 按钮,确定选择编译输出目标文件夹,如图 4-31 所示。

同样,选择输出列表设置对话框,单击创建输出列表文件夹 Lst,如图 4-32、图 4-33 所示。

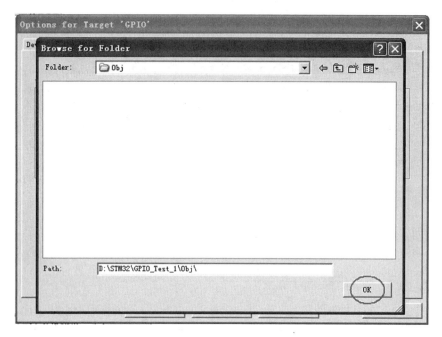

图 4-31　确定选择目标文件夹

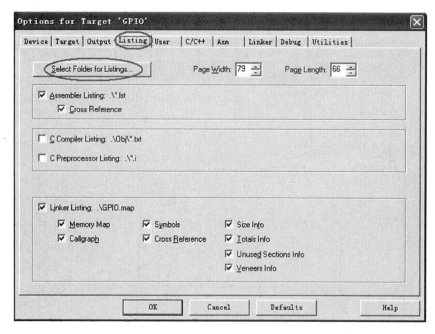

图 4-32　选择输出列表文件夹

3. 编译和链接源程序

点击编译和链接快捷图标 ，编译和链接源程序，在输出信息窗口看到相关信息，如图 4-34 所示。如果此时发现语法错误，必须改正。

第4章 STM32基础入门

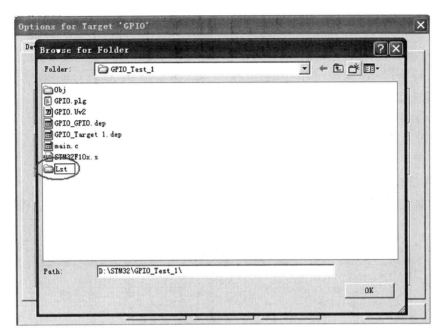

图 4-33 创建输出列表文件夹

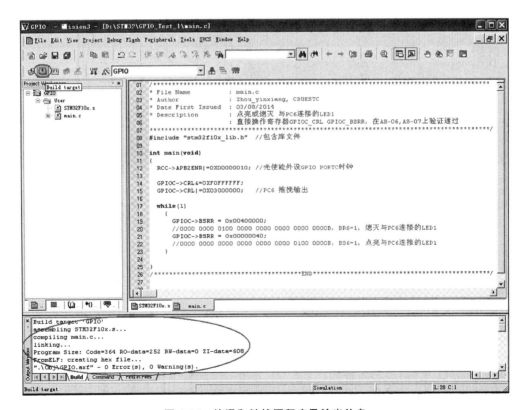

图 4-34 编译和链接源程序及输出信息

4.2.4 仿真、调试程序,下载并运行验证程序

编译、链接、调试源程序之后,就是仿真、下载、运行验证程序。为了达到设计目标,可能要多次修改程序,重复"编译、链接、调试源程序"和"仿真、下载、运行验证程序"等步骤。这个过程包括三个步骤:

(1) 软件仿真调试源程序。
(2) 硬件仿真调试源程序。
(3) 下载并运行验证程序。

1. 软件仿真调试源程序

点击目标设置快捷图标 ,选择调试 Debug 选项卡,设置使用 MDK 软件仿真,如图 4-35 所示。

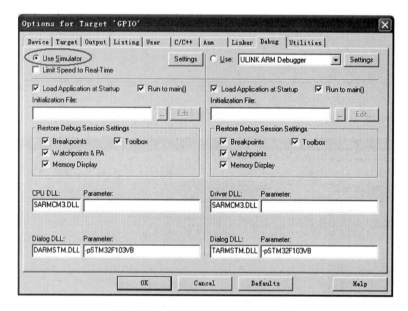

图 4-35 设置使用 MDK 软件仿真

点击调试快捷图标 ,开始使用 MDK 软件仿真调试,如图 4-36 所示。

点击外设菜单 Peripherals —> General Purpose I/O —> GPIOC,如图 4-37 所示。

调出 GPIOC 软件调试查看窗口,如图 4-38 所示。

点击图 4-38 中标示 1 处的单步运行 快捷图标,注意观察图 4-38 中标示 2、3、4、5、6、7、8 处的变化。

仿真调试说明:

(1) 调试快捷图标如图 4-39 所示,分别是 CPU 复位、全部运行、停止运行、单步步入、单步步过、单步步出、运行到光标处。

"单步步入(Step in)"的意思是:每一条语句都要单步运行。

"单步步过(Step over)"的意思是:每一条语句,不论是单独的语句,还是调用的函数,都当作一条单独的语句运行。即调用的函数,不进入,而"单步步入"则要进入。

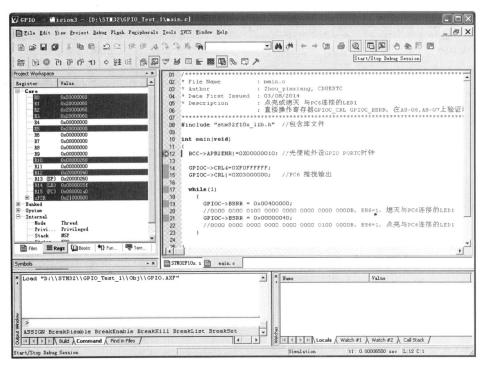

图 4-36　开始使用 MDK 软件仿真调试

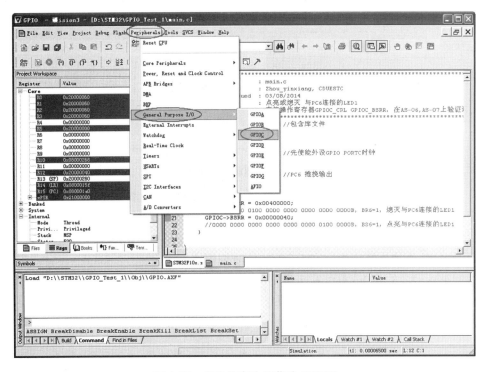

图 4-37　点击仿真外设菜单 GPIOC

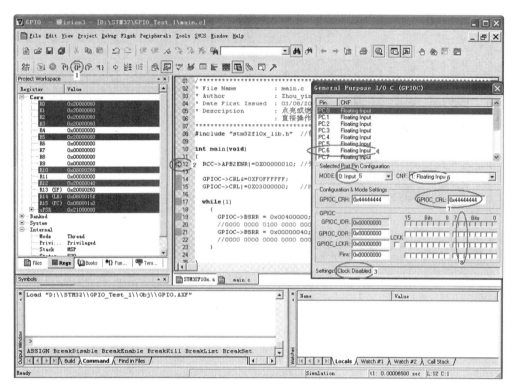

图 4-38　GPIO 调试查看窗口

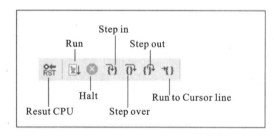

图 4-39　调试快捷图标

"单步步出(Step out)"的意思是：运行完本函数，跳出本函数。

"运行到光标处(Run to Cursor line)"的意思是：将鼠标光标放置在"黄色箭头"指示后面的某行，则程序运行到此行。

(2) 注意观测黄色箭头指示和 GPIOC 的时钟使能与否。

图 4-38 标示 2 的地方，黄色箭头指示的是即将要运行的程序代码行，点击图 4-38 中标示 1 即单步运行 1 次后，黄色箭头往下走，从程序代码的第 12 自然行走到了第 14 自然行，这样就运行了程序代码

```
RCC-> APB2ENR|= 0X00000010;
```

图 4-38 中标示 3 处的内容变化为 Clock Enabled，即 GPIOC 的时钟使能(开启)了。

(3) 注意观测黄色箭头指示和 PC6 的模式。

继续点击图 4-38 中标示 1 即单步运行 2 次后,黄色箭头往下走,从程序代码的第 14 自然行走到了第 17 自然行,这样就运行了程序代码

```
GPIOC-> CRL&= 0XF0FFFFFF;
GPIOC-> CRL|= 0X03000000;
```

图 4-38 中标示 4 处的内容变化为 GP output push-pull,即 PC6 配置为推挽输出模式了。

(4) 注意观测黄色箭头指示和 PC6 的"GPIOC_ODR""Pins"。

继续点击图 4-38 中标示 1 即单步运行 4 次后,黄色箭头在第 17 自然行和第 21 自然行循环移动,这样就运行了程序代码

```
while(1)
{
    GPIOC-> BSRR= 0x00400000;
    GPIOC-> BSRR= 0x00000040;
}
```

观察图 4-38 中标示 2 和 8 处的变化,显示出 PC6 分别输出高电平(有勾),点亮和 PC6 连接的 LED1;低电平(无勾),熄灭和 PC6 连接的 LED1,如图 4-40 所示。

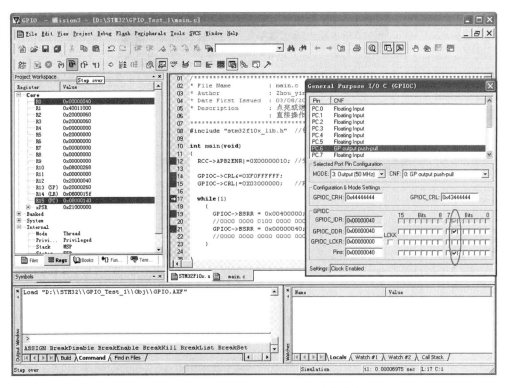

图 4-40　GPIO 调试查看窗口:显示出 PC6 输出高电平(有勾)

2. 硬件仿真调试源程序

首先,在没有通电时将 STM32 实验板与 J-LINK 仿真器通过 20 芯排线连接起来,再分

别将 STM32 实验板、J-LINK 仿真器通过 USB 线连接(A 口接计算机 USB 主机接口,B 口接实验板和 J-LINK 的 USB 从机接口),如图 4-41 所示。

图 4-41 硬件连接

在 MDK 中点击目标设置快捷图标,设置使用 J-LINK 仿真,如图 4-42 至图 4-44 所示。

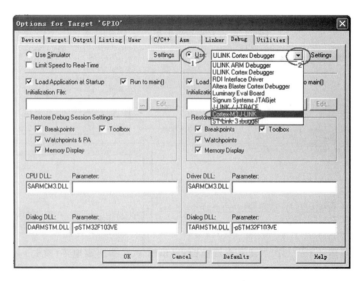

图 4-42 选择使用硬件仿真,仿真器选 J-LINK

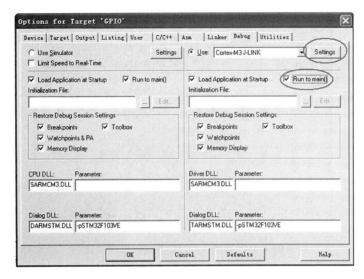

图 4-43　点击 Settings 设置仿真器

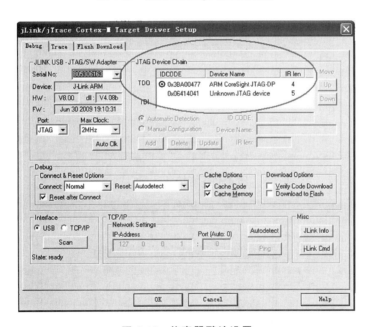

图 4-44　仿真器默认设置

设置下载、仿真目标，如图 4-45 至图 4-48 所示。

AS-05 实验板，选择 128 KB；AS-07 实验板，选择 512 KB。

点击开始/停止调试图标 ◎ (Start/Stop Debug Session)，开始硬件仿真调试，后面的操作与结果与开始软件仿真调试相同。

同步观察实验板，PC6＝0 时 LED1 熄灭，PC6＝1 时 LED1 点亮，如图 4-49、图 4-50 所示。

再次点击开始/停止调试图标 ◎ (Start/Stop Debug Session)，结束硬件仿真调试。

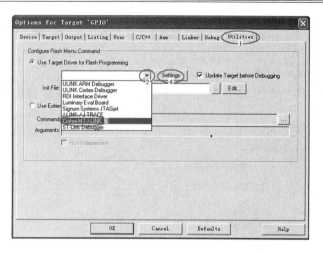

图 4-45　通过 J-LINK 下载程序的设置

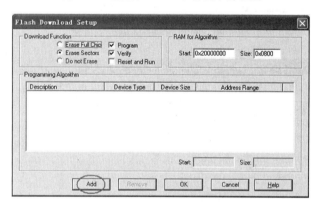

图 4-46　添加目标 MCU

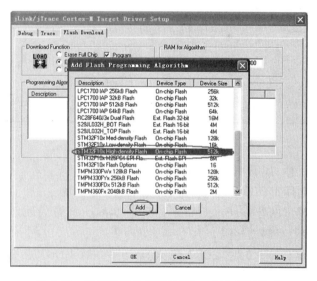

图 4-47　目标选择为 STM32F10x 512 KB Flash

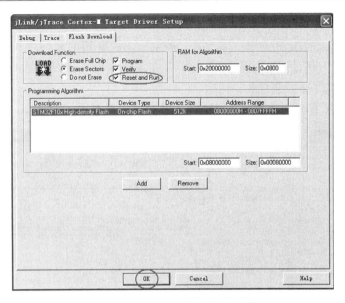

图 4-48　点击 OK 按钮完成设置

图 4-49　PC6＝0 时 LED1 熄灭

图 4-50　PC6＝1 时 LED1 点亮

以上操作，不仅完成了硬件仿真，实际上在实验板上按复位键后，程序就可以正常运行了，即相当于程序下载，原因是硬件仿真开始前就将程序下载了。

3. 下载并运行验证程序

下载并运行验证程序,有四种方法,第一种就是上面介绍的硬件仿真,第二种是使用 J-LINK 或 ULINK 仿真器,第三种是 ISP(在系统编程),第四种是 IAP(在应用编程)。

(1) J-LINK 仿真器下载程序。

使用 J-LINK 下载程序的设置见图 4-51,后面的设置与图 4-46 至图 4-48 相同。

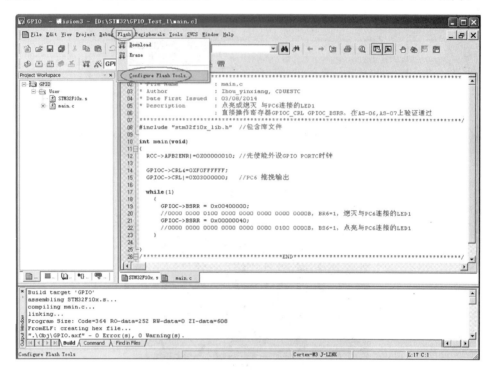

图 4-51 设置下载工具

点击程序下载图标 ▓(Download to Flash Memory),开始下载程序(GPIO.axf 文件),下载完成后,程序就自动运行了。也可以在实验板上按一下复位键,程序开始运行,如图 4-52,图 4-53 所示。

(2) ISP 下载程序。

STM32 芯片内置有 BootLoader 程序,可以通过 USART1 串口下载.hex 格式的执行程序到片内的 Flash 存储器中,实现 ISP(in-system programming,在系统编程)。

ISP 下载程序前,必须进行启动配置(见图 4-54),STM32 的启动配置如下。

BOOT1=x,BOOT0=0:运行模式,主 Flash 存储器(片内 Flash)被选作启动区。

BOOT1=0,BOOT0=1:ISP 下载模式,系统存储器被选作启动区。

BOOT1=1,BOOT0=1:嵌入式 SRAM(片内 SRAM)被选作启动区。

下面详细讲述 ISP 下载程序的步骤。

AS-05 实验板,先使用 USB 线将 AS-05 实验板与计算机相连,再将 BOOT0 短路帽跳到下面(见图 4-55),满足 ISP 条件 BOOT1=0、BOOT0=1;最后按一次复位键,就可以下载了,见图 4-57。

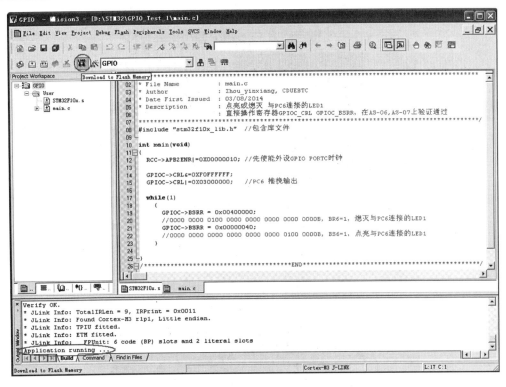

图 4-52 下载程序

图 4-53 程序下载完成后开始运行

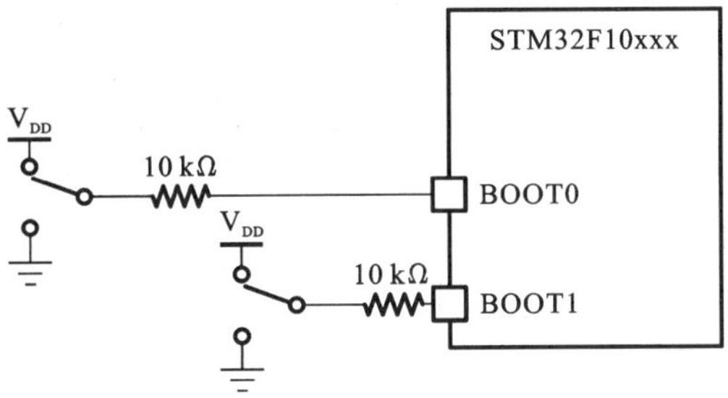

图 4-54 启动配置

说明：AS-05 型 STM32 实验板的 BOOT1 已经通过 0 欧姆电阻接地，AS-07 型 STM32 实验板的 BOOT1 已经通过 R29 10 k 欧姆电阻接地，固定设置为低电平 0 了。

AS-07 实验板，先使用 USB 线将 AS-07 实验板与计算机相连，再将 BOOT0 短路帽跳到左边（见图 4-56），满足 ISP 条件 BOOT1＝0、BOOT0＝1；最后按一次复位键，就可以下载了，见图 4-57。

在计算机桌面双击 Flash Loader Demonstrator 图标，运行 Flash Loader，见图 4-57。

选择 STM32 实验板连接计算机后虚拟出来的串口 COM3，见图 4-57。单击 Next，弹出图 4-58 所示对话框，然后，按照图 4-59 至图 4-63 所示步骤完成程序下载。

图 4-55　ISP 程序下载的硬件设置

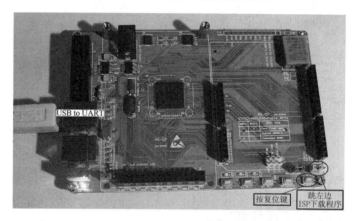

图 4-56　ISP 程序下载的硬件设置

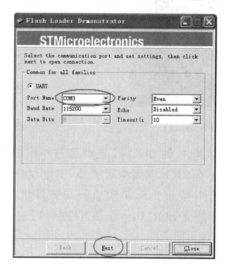

图 4-57　运行 Flash Loader

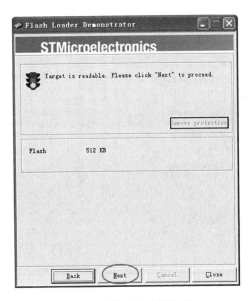

图 4-58 连接目标 MCU 成功

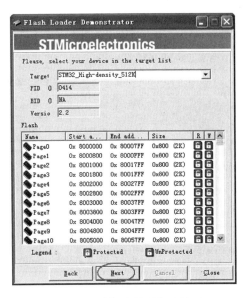

图 4-59 选择连接目标 MCU

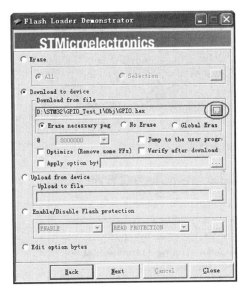

图 4-60 查找下载文件

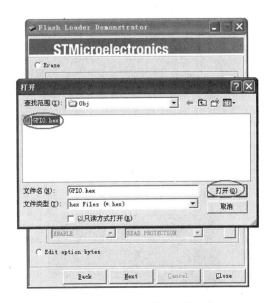

图 4-61 找到并选择下载文件

选择下载后校验、运行程序后,单击 Next,开始 ISP 下载程序。

随后,ISP 下载程序完成,我们就看见 STM32 实验板开始运行程序了,如图 4-64 所示。

我们最好是将 BOOT0 跳到上面(AS-05),将 BOOT0 跳到右边(AS-07),按一次复位按键来开始运行程序。

(3) IAP 下载更新程序。

通过蓝牙实现 IAP 无线下载更新程序,如图 4-65 所示。

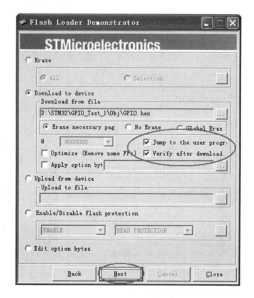
图 4-62　下载程序

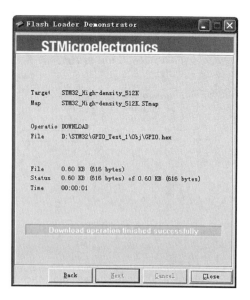
图 4-63　下载程序成功完成

图 4-64　STM32 实验板开始运行程序

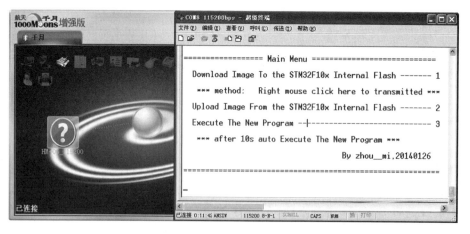

图 4-65　蓝牙无线下载更新程序

4.2.5 使用 ST 库函数范例和工程模板编程应用

使用 ST 库函数 V2.0.1 或者 V3.5.0 版本的范例和工程模板,可以方便编程应用,详细过程见 3.3.3 小节,这样我们也不用烦琐地建立工程了。以后,我们基本上都是这样。

如此,STM32F10xxx 的编程应用实际上是比较方便的,用户可以将主要精力集中到如何实现自己的程序功能上来。

4.3 STM32 的复位与时钟

STM32 的 RCC(reset and clockcontrol,复位和时钟控制)是很重要的,特别是时钟的配置与控制,APB 总线外设使用前,必须使能(开启)时钟。

4.3.1 STM32 的复位

STM32F10xxx 支持三种复位形式,分别为系统复位、电源复位和备份区域复位。

4.3.1.1 系统复位

当发生以下任一事件时,产生一个系统复位:
(1) NRST 引脚上的低电平(外部复位)。
(2) 窗口看门狗计数终止(WWDG 复位)。
(3) 独立看门狗计数终止(IWDG 复位)。
(4) 软件复位(SW 复位)。
(5) 低功耗管理复位。

4.3.1.2 电源复位

当以下事件之一发生时,产生电源复位:
(1) 上电/掉电复位(POR/PDR 复位)。
(2) 从待机模式中返回。

电源复位将复位除了备份区域外的所有寄存器。复位源将最终作用于 RESET 引脚,并在复位过程中保持低电平。

4.3.1.3 备份区域复位

当以下事件之一发生时,会产生备份区域复位。
(1) 软件复位,备份区域复位可由设置备份区域控制寄存器(RCC_BDCR)中的 BDRST 位产生。
(2) 在 V_{DD} 和 V_{BAT} 两者掉电的前提下,V_{DD} 或 V_{BAT} 上电将引发备份区域复位。

4.3.2 STM32 的时钟

图 4-66 时钟树显示了时钟源及变换关系,注意系统时钟 SYSCLK 是中心。

图中的 4 种初始时钟源是:HSE = High-speed external clock signal,LSE = Low-speed external clock signal,LSI = Low-speed internal clock signal,HSI = High-speed internal

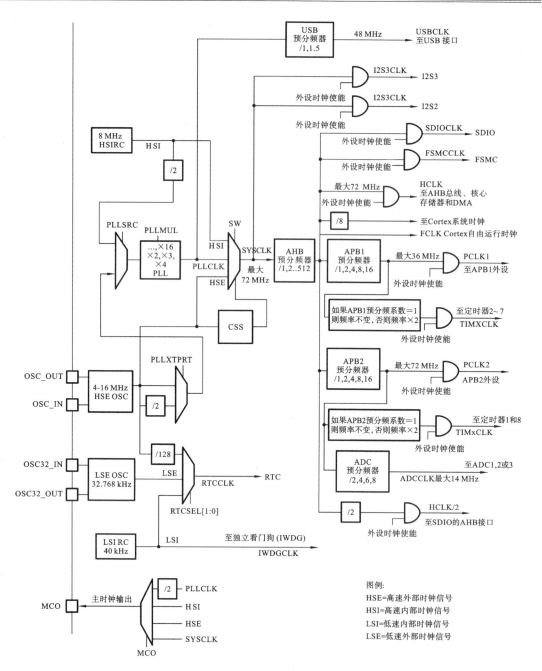

图 4-66 时钟树

clock signal。变换输出时钟主要有：HCK,PCLK1,PCLK2 等。

系统时钟的选择是在启动时进行的,复位时内部 8 MHz 的 RC 振荡器 HIS 被选为默认的 CPU 时钟,随后可以选择外部的、具有失效监控的 4～16 MHz 时钟 HSE。

三种不同的时钟源可被用来驱动系统时钟(SYSCLK)：HIS 振荡器时钟,HSE 振荡器时钟,PLL 锁相环时钟。

高速外部时钟信号(HSE)由以下两种时钟源产生：HSE 外部晶体/陶瓷谐振器，HSE 用户外部时钟。

HSI 时钟信号由内部 8MHz 的 RC 振荡器产生，可直接作为系统时钟或在 2 分频后作为 PLL 输入。HSI RC 振荡器能够在不需要任何外部器件的条件下提供系统时钟。它的启动时间比 HSE 晶体振荡器短。然而，即使在校准之后它的时钟频率精度仍较差。

内部 PLL 可以用来倍频 HSI RC 的输出时钟或 HSE 晶体输出时钟(参考时钟控制寄存器)。PLL 的设置(选择 HIS 振荡器除 2 或 HSE 振荡器为 PLL 的输入时钟，选择倍频因子)必须在其被激活前完成。一旦 PLL 被激活，这些参数就不能被改动。如果 PLL 中断在时钟中断寄存器里被允许，当 PLL 准备就绪时，可产生中断申请。

LSE 晶体是一个 32.768 kHz 的低速外部晶体或陶瓷谐振器。它为实时时钟或者其他定时功能提供了一个低功耗且精确的时钟源。

LSI RC 担当一个低功耗时钟源的角色，它可以在停机和待机模式下保持运行，为独立看门狗和自动唤醒单元提供时钟。LSI 时钟频率大约为 40 kHz(在 30 kHz 和 60 kHz 之间)。

系统复位后，HSI 振荡器被选为系统时钟。当时钟源被直接或通过 PLL 间接作为系统时钟时，它将不能被停止。只有当目标时钟源准备就绪了(经过启动稳定阶段的延迟或 PLL 稳定)，从一个时钟源到另一个时钟源的切换才会发生。在被选择时钟源没有就绪时，系统时钟的切换不会发生。直至目标时钟源就绪，系统时钟才发生切换。

图 4-67 是时钟树的简化，是 HSE 作为系统时钟的情况。

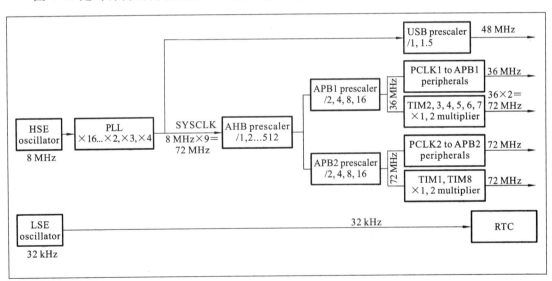

图 4-67　HSE 作为系统时钟

4.3.3　RCC 寄存器

RCC 有 10 个寄存器，常用的是 RCC_APB2ENR，RCC_APB1ENR，分别设置常用的 APB 外设时钟。

4.3.3.1 RCC_APB2ENR

APB2 外设时钟使能寄存器(RCC_APB2ENR,APB2 peripheral clock enable register)。

偏移地址:0x18

复位值:0x0000 0000

访问:字,半字和字节访问。

31	30	29	28	27	26	25	24	23	22	21	20	19	18	17	16
保留															

15	14	13	12	11	10	9	8	7	6	5	4	3	2	1	0
ADC3 EN	USART1 EN	TIM8 EN	SPI1 EN	TIM1 EN	ADC2 EN	ADC1 EN	IOPG EN	IOPF EN	IOPE EN	IOPD EN	IOPC EN	IOPB EN	IOPA EN	保留	AFIO EN
rw	rw	rw	rw	rw	rw	rw	rw	rw	rw	rw	rw	rw	rw		rw

位 31:16	保留,始终读为 0
位 15	ADC3EN:ADC3 接口时钟使能(ADC 3 interface clock enable) 由软件置"1"或清"0" 0:ADC3 接口时钟关闭; 1:ADC3 接口时钟开启
位 14	USART1EN:USART1 时钟使能(USART1 clock enable) 由软件置"1"或清"0" 0:USART1 时钟关闭; 1:USART1 时钟开启
位 13	TIM8EN:TIM8 定时器时钟使能(TIM8 timer clock enable) 由软件置"1"或清"0" 0:TIM8 定时器时钟关闭; 1:TIM8 定时器时钟开启
位 12	SPI1EN:SPI1 时钟使能(SPI1 clock enable) 由软件置"1"或清"0" 0:SPI1 时钟关闭; 1:SPI1 时钟开启
位 11	TIM1EN:TIM1 定时器时钟使能(TIM1 timer clock enable) 由软件置"1"或清"0" 0:TIM1 定时器时钟关闭; 1:TIM1 定时器时钟开启
位 10	ADC2EN:ADC2 接口时钟使能(ADC 2 interface clock enable) 由软件置"1"或清"0" 0:ADC2 接口时钟关闭; 1:ADC2 接口时钟开启

位 9	ADC1EN:ADC1 接口时钟使能(ADC1 interface clock enable) 由软件置"1"或清"0" 0:ADC1 接口时钟关闭； 1:ADC1 接口时钟开启
位 8	IOPGEN:IO 端口 G 时钟使能(I/O port G clock enable) 由软件置"1"或清"0" 0:IO 端口 G 时钟关闭； 1:IO 端口 G 时钟开启
位 7	IOPFEN:IO 端口 F 时钟使能(I/O port F clock enable) 由软件置"1"或清"0" 0:IO 端口 F 时钟关闭； 1:IO 端口 F 时钟开启
位 6	IOPEEN:IO 端口 E 时钟使能(I/O port E clock enable) 由软件置"1"或清"0" 0:IO 端口 E 时钟关闭； 1:IO 端口 E 时钟开启
位 5	IOPDEN:IO 端口 D 时钟使能(I/O port D clock enable) 由软件置"1"或清"0" 0:IO 端口 D 时钟关闭； 1:IO 端口 D 时钟开启
位 4	IOPCEN:IO 端口 C 时钟使能(I/O port C clock enable) 由软件置"1"或清"0" 0:IO 端口 C 时钟关闭； 1:IO 端口 C 时钟开启
位 3	IOPBEN:IO 端口 B 时钟使能(I/O port B clock enable) 由软件置"1"或清"0" 0:IO 端口 B 时钟关闭； 1:IO 端口 B 时钟开启
位 2	IOPAEN:IO 端口 A 时钟使能(I/O port A clock enable) 由软件置"1"或清"0" 0:IO 端口 A 时钟关闭； 1:IO 端口 A 时钟开启
位 1	保留,始终读为 0
位 0	AFIOEN:辅助功能 IO 时钟使能(Alternate function I/O clock enable) 由软件置"1"或清"0" 0:辅助功能 IO 时钟关闭； 1:辅助功能 IO 时钟开启

4.3.3.2 RCC_APB1ENR

APB1 外设时钟使能寄存器(RCC_APB1ENR，APB1 peripheral clock enable register)。

偏移地址:0x1C。

复位值:0x0000 0000。

访问:字、半字和字节访问。

31	30	29	28	27	26	25	24	23	22	21	20	19	18	17	16
保留															
15	14	13	12	11	10	9	8	7	6	5	4	3	2	1	0
ADC3 EN	USART1 EN	TIM8 EN	SPI1 EN	TIM1 EN	ADC2 EN	ADC1 EN	IOPG EN	IOPF EN	IOPE EN	IOPD EN	IOPC EN	IOPB EN	IOPA EN	保留	AFIO EN
rw	rw	rw	rw	rw	rw	rw	rw	rw	rw	rw	rw	rw	rw		rw

位 31:16	保留,始终读为 0
位 15	ADC3EN:ADC3 接口时钟使能(ADC 3 interface clock enable) 由软件置"1"或清"0" 0:ADC3 接口时钟关闭； 1:ADC3 接口时钟开启
位 14	USART1EN:USART1 时钟使能(USART1 clock enable) 由软件置"1"或清"0" 0:USART1 时钟关闭； 1:USART1 时钟开启
位 13	TIM8EN:TIM8 定时器时钟使能(TIM8 timer clock enable) 由软件置"1"或清"0" 0:TIM8 定时器时钟关闭； 1:TIM8 定时器时钟开启
位 12	SPI1EN:SPI1 时钟使能(SPI1 clock enable) 由软件置"1"或清"0" 0:SPI1 时钟关闭； 1:SPI1 时钟开启
位 11	TIM1EN:TIM1 定时器时钟使能(TIM1 timer clock enable) 由软件置"1"或清"0" 0:TIM1 定时器时钟关闭； 1:TIM1 定时器时钟开启
位 10	ADC2EN:ADC2 接口时钟使能(ADC2 interface clock enable) 由软件置"1"或清"0" 0:ADC2 接口时钟关闭； 1:ADC2 接口时钟开启

位 9	ADC1EN：ADC1 接口时钟使能（ADC1 interface clock enable） 由软件置"1"或清"0" 0：ADC1 接口时钟关闭； 1：ADC1 接口时钟开启	
位 8	IOPGEN：IO 端口 G 时钟使能（I/O port G clock enable） 由软件置"1"或清"0" 0：IO 端口 G 时钟关闭； 1：IO 端口 G 时钟开启	
位 7	IOPFEN：IO 端口 F 时钟使能（I/O port F clock enable） 由软件置"1"或清"0" 0：IO 端口 F 时钟关闭； 1：IO 端口 F 时钟开启	
位 6	IOPEEN：IO 端口 E 时钟使能（I/O port E clock enable） 由软件置"1"或清"0" 0：IO 端口 E 时钟关闭； 1：IO 端口 E 时钟开启	
位 5	IOPDEN：IO 端口 D 时钟使能（I/O port D clock enable） 由软件置"1"或清"0" 0：IO 端口 D 时钟关闭； 1：IO 端口 D 时钟开启	
位 4	IOPCEN：IO 端口 C 时钟使能（I/O port C clock enable） 由软件置"1"或清"0" 0：IO 端口 C 时钟关闭； 1：IO 端口 C 时钟开启	
位 3	IOPBEN：IO 端口 B 时钟使能（I/O port B clock enable） 由软件置"1"或清"0" 0：IO 端口 B 时钟关闭； 1：IO 端口 B 时钟开启	
位 2	IOPAEN：IO 端口 A 时钟使能（I/O port A clock enable） 由软件置"1"或清"0" 0：IO 端口 A 时钟关闭； 1：IO 端口 A 时钟开启	
位 1	保留，始终读为 0	
位 0	AFIOEN：辅助功能 IO 时钟使能（Alternate function I/O clock enable） 由软件置"1"或清"0" 0：辅助功能 IO 时钟关闭； 1：辅助功能 IO 时钟开启	

4.3.4 RCC 库函数

RCC 寄存器结构和库函数如下。

4.3.4.1 RCC 寄存器结构

RCC 寄存器结构，RCC_TypeDef，在文件"stm32f10x_map.h"中定义如下：

```
typedef struct
{
    vu32 CR;
    vu32 CFGR;
    vu32 CIR;
    vu32 APB2RSTR;
    vu32 APB1RSTR;
    vu32 AHBENR;
    vu32 APB2ENR;
    vu32 APB1ENR;
    vu32 BDCR;
    vu32 CSR;
} RCC_TypeDef;
```

表 4-7 列举了 RCC 所有的寄存器。

表 4-7 RCC 寄存器

寄 存 器	描 述
CR	时钟控制寄存器
CFGR	时钟配置寄存器
CIR	时钟中断寄存器
APB2RSTR	APB2 外设复位寄存器
APB1RSTR	APB1 外设复位寄存器
AHBENR	AHB 外设时钟使能寄存器
APB2ENR	APB2 外设时钟使能寄存器
APB1ENR	APB1 外设时钟使能寄存器
BDCR	备份区域控制寄存器
CSR	控制/状态寄存器

4.3.4.2 RCC 库函数

表 4-8 列举了 RCC 的库函数。

表 4-8 RCC 库函数

函 数 名	描 述
RCC_DeInit	将外设 RCC 寄存器重设为缺省值
RCC_HSEConfig	设置外部高速晶振(HSE)
RCC_WaitForHSEStartUp	等待 HSE 起振
RCC_AdjustHSICalibrationValue	调整内部高速晶振(HSI)校准值
RCC_HSICmd	使能或者失能内部高速晶振(HSI)
RCC_PLLConfig	设置 PLL 时钟源及倍频系数
RCC_PLLCmd	使能或者失能 PLL
RCC_SYSCLKConfig	设置系统时钟(SYSCLK)
RCC_GetSYSCLKSource	返回用作系统时钟的时钟源
RCC_HCLKConfig	设置 AHB 时钟(HCLK)
RCC_PCLK1Config	设置低速 AHB 时钟(PLCK1)
RCC_PCLK2Config	设置高速 AHB 时钟(PLCK2)
RCC_ITConfig	使能或者失能指定的 RCC 中断
RCC_USBCLKConfig	设置 USB 时钟(USBCLK)
RCC_ADCCLKConfig	设置 ADC 时钟(ADCCLK)
RCC_LSEConfig	设置外部低速晶振(LSE)
RCC_LSICmd	使能或者失能内部低速晶振(LSI)
RCC_RTCCLKConfig	设置 RTC 时钟(RTCCLK)
RCC_RTCCLKCmd	使能或者失能 RTC 时钟
RCC_GetClocksFreq	返回不同片上时钟的频率
RCC_AHBPeriphClockCmd	使能或者失能 AHB 外设时钟
RCC_APB2PeriphClockCmd	使能或者失能 APB2 外设时钟
RCC_APB1PeriphClockCmd	使能或者失能 APB1 外设时钟
RCC_APB2PeriphResetCmd	强制或者释放高速 APB(APB2)外设复位
RCC_APB1PeriphResetCmd	强制或者释放低速 APB(APB1)外设复位
RCC_BackupResetCmd	强制或者释放后备份区域复位
RCC_ClockSecuritySystemCmd	使能或者失能时钟安全系统
RCC_MCOConfig	选择在 MCO 管脚上输出的时钟源
RCC_GetFlagStatus	检查指定的 RCC 标志位设置与否
RCC_ClearFlag	消除 RCC 的复位标志位
RCC_GetITStatus	检查指定的 RCC 中断发生与否
RCC_ClearITPendingBit	消除 RCC 的中断待处理位

4.3.5 RCC 编程应用

【实验 4-3】 LED 流水灯(使用 ST 的 V2.0.1 版库函数,完整 RCC)

1. 硬件设计

STM32F103xx 驱动 LED 电路原理部分见图 3-49、图 3-50 和图 4-68 所示。

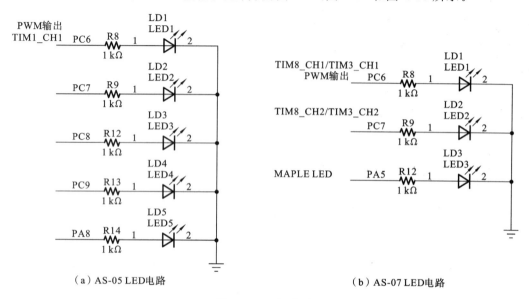

图 4-68 LED 电路

2. 软件设计(编程)

1) 分析点亮和熄灭 LED

I/O 特性见 2.4 小节 I/O 端口静态特性。针对于 AS-07,有 PC6、PC7、PA5 输出高电平 1,点亮 LED1、LED2、LED3;PC6、PC7、PA5 输出低电平 0,熄灭 LED1、LED2、LED3。GPIO 输出高电平使用 GPIO_SetBits 库函数、输出低电平使用 GPIO_ResetBits 库函数实现。

2) 分析程序实现流水灯

(1) PC6 输出高电平 1,点亮 LED1;PC7、PA5 输出低电平 0,熄灭 LED2、LED3;延时一段时间,PC6 输出低电平 0,熄灭 LED1。

(2) PC7 输出高电平 1,点亮 LED2;PC6、PA5 输出低电平 0,熄灭 LED1、LED3;延时一段时间,PC7 输出低电平 0,熄灭 LED2。

(3) PA5 输出高电平 1,点亮 LED3;PC6、PC7 输出低电平 0,熄灭 LED1、LED2;延时一段时间,PA5 输出低电平 0,熄灭 LED3。

循环上述(1)、(2)、(3)步,就形成了亮流水灯。

延时函数使用 for 循环实现。

3) 编程方法使用 ST 的 V2.0.1 版库函数的工程模板和范例程序

如何使用库函数的工程模板和范例程序,详见 3.3.3 小节的讲述。

双击打开 D:\STM32\IOToggle\Project.Uv2 工程,如图 4-69 所示。

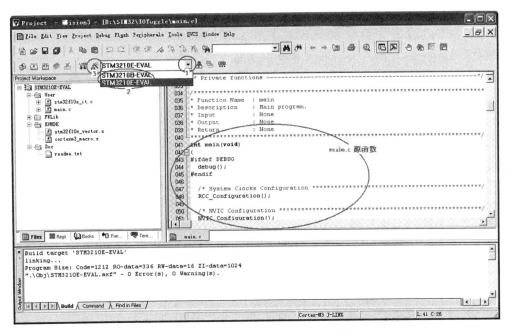

图 4-69 ST 的 V2.0.1 库函数的流水灯范例

单击图 4-69 的 1 处选择实验板。如果是 AS-05，请单击 2 处选择 STM3210B-EVAL，如果是 AS-07，选择 STM3210E-EVAL；然后单击 3 处，设置项目。单击图 4-70 的 1 处的 Device 选项卡，AS-05 选择 MCU 型号为 STM32F103VB，AS-07 型选择 MCU 型号为 STM32F103VE。

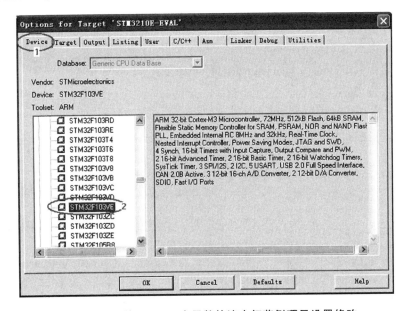

图 4-70 ST 的 V2.0.1 库函数的流水灯范例项目设置修改

其他的还有设置生成.hex 下载文件，该文件是 16 进制可执行文件，默认是工程名

.hex,这里就是STM3210E-EVAL.hex,可以修改,创建(编译、链接)后生成在Output路径下,这里是在D:\STM32\IOToggle\Obj下,如图4-71所示。

仿真、调试程序、下载并运行验证程序设置见4.2.4小节。

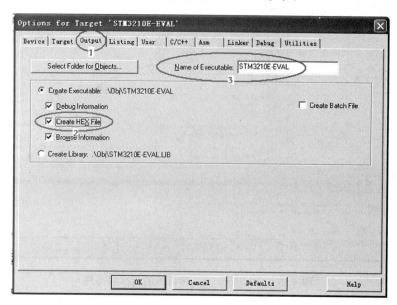

图4-71 生成下载HEX文件

4) 修改程序、分析解释程序

接下来最重要的是修改ST的范例程序,在自己的实验板上运行该程序实现要求的功能。修改完成后,单击图4-69中的创建(编译、链接)快捷图标▓(1处),在输出信息窗口中,看见编译通过,没有错误,就可以了;如果有语法错误应改正。后面的操作见4.2.4小节。

使用ST的函数库V2.0.1编程方法的程序如下:

(1) 配置时钟RCC。

void RCC_Configuration(void),时钟RCC配置函数,程序代码如下:

```
RCC_DeInit(),复位RCC,使能(开启)HIS作为系统时钟,关闭HSE和PLLCLK。
RCC_HSEConfig(RCC_HSE_ON),使能HSE。
HSEStartUpStatus= RCC_WaitForHSEStartUp(),等待HSR准备就绪。
if(HSEStartUpStatus==SUCCESS),如果HSE启动成功,执行if语句,否则结束。
{
    FLASH_PrefetchBufferCmd(FLASH_PrefetchBuffer_Enable),允许预取指缓存。
    FLASH_SetLatency(FLASH_Latency_2),等待2个FLASH时钟周期。
    RCC_HCLKConfig(RCC_SYSCLK_Div1),设置SYSCLK 1分频作为HCLK时钟。
    RCC_PCLK2Config(RCC_HCLK_Div1),设置HCLK的1分频作为PCLK2时钟。
    RCC_PCLK1Config(RCC_HCLK_Div2),设置HCLK的2分频作为PCLK1时钟。
    RCC_PLLConfig(RCC_PLLSource_HSE_Div1, RCC_PLLMul_9),设置PLLCLK来源是
HSE的1分频的9倍,则为8 MHz×9= 72 MHz。
    RCC_PLLCmd(ENABLE),使能锁相环PLL。
```

```
while(RCC_GetFlagStatus(RCC_FLAG_PLLRDY)==RESET),等待 PLL 就绪,否则停机。
{
}
RCC_SYSCLKConfig(RCC_SYSCLKSource_PLLCLK),切换系统时钟源为 PLLCLK。
while(RCC_GetSYSCLKSource() ! = 0x08),判别系统时钟 SYSCLK 是不是 PLLCLK。
{
}
}
```

小结:RCC 配置函数配置上电复位后,使用 HSI RC 振荡器 8MHz 时钟信号作为 SYSCLK 系统时钟,原因是可靠,但是精度和速度低,因此再判断外接典型值是 8MHz 的石英晶体振荡器的 HSE 时钟是否可以启动且就绪,如是,则切换 HSE 的 8 倍频的 PLLCLK 作为新的系统时钟,这样精度和速度都高,即 72 MHz。RCC 配置完成后,SYSCLK 是 72MHz,HCLK、PCLK2 也是 72MHz,PCLK1 是 36MHz,故 PCLK2 连接的是高速外设如 GPIOC、USART1 等,PCLK1 连接的是低速外设如 USART2 等。

(2) 配置中断 NVIC。

```
void NVIC_Configuration(void),嵌套向量中断控制器 NVIC 配置函数。
{
# ifdef   VECT_TAB_RAM,如果定义了 VECT_TAB_RAM,则向量表存储在 SRAM、起始地址是 0x20000000。
NVIC_SetVectorTable(NVIC_VectTab_RAM, 0x0)。
# else
NVIC_SetVectorTable(NVIC_VectTab_FLASH, 0x0),否则存储在 FLASH,起始地址是 0x08000000。
# endif
},所以看 main 程序的地址是 0x080004F8(通过仿真运行时看反汇编,0x080004F8 E92D41F0
    PUSH    {r4-r8,lr}),并不是 FLASH 的起始地址是 0x08000000,并且前面还要运行启动文件(本工程里是 stm32f10x_vector.s)。
```

(3) 设置全部 GPIO 为 Analog Input mode 以降低功耗和提高抗干扰能力。

```
RCC_APB2PeriphClockCmd(RCC_APB2Periph_GPIOA | RCC_APB2Periph_GPIOB |
             RCC_APB2Periph_GPIOC | RCC_APB2Periph_GPIOD |
             RCC_APB2Periph_GPIOE, ENABLE),使能所有的端口时钟。
GPIO_InitStructure.GPIO_Pin= GPIO_Pin_All,选择设置所有的端口位。
GPIO_InitStructure.GPIO_Mode= GPIO_Mode_AIN,模拟输入模式。
GPIO_Init(GPIOA, &GPIO_InitStructure),初始化端口 GPIOA。
GPIO_Init(GPIOB, &GPIO_InitStructure),初始化端口 GPIOB。
GPIO_Init(GPIOC, &GPIO_InitStructure),初始化端口 GPIOC。
GPIO_Init(GPIOD, &GPIO_InitStructure),初始化端口 GPIOD。
GPIO_Init(GPIOE, &GPIO_InitStructure),初始化端口 GPIOE。
RCC_APB2PeriphClockCmd(RCC_APB2Periph_GPIOA | RCC_APB2Periph_GPIOB |
             RCC_APB2Periph_GPIOC | RCC_APB2Periph_GPIOD |
             RCC_APB2Periph_GPIOE, DISABLE),失能所有的端口时钟。
```

(4) 设置 PA5、PC6、PC7。

使能 GPIOA 的时钟,设置 PA5 为 GPIO_Mode_Out_PP 50 MHz;使能 GPIOC 的时钟,设置 PC6 和 PC7 为 GPIO_Mode_Out_PP 50 MHz。

```
RCC_APB2PeriphClockCmd(RCC_APB2Periph_GPIOA, ENABLE),使能 GPIOA 的时钟。
GPIO_InitStructure.GPIO_Pin= GPIO_Pin_5;
GPIO_InitStructure.GPIO_Mode= GPIO_Mode_Out_PP;
GPIO_InitStructure.GPIO_Speed= GPIO_Speed_50 MHz;
GPIO_Init(GPIOA, &GPIO_InitStructure),初始化 PA5 为 50 MHz 推拉输出。

RCC_APB2PeriphClockCmd(RCC_APB2Periph_GPIOC, ENABLE),使能 GPIOC 的时钟。
GPIO_InitStructure.GPIO_Pin= GPIO_Pin_6 | GPIO_Pin_7;
GPIO_InitStructure.GPIO_Mode= GPIO_Mode_Out_PP;
GPIO_InitStructure.GPIO_Speed= GPIO_Speed_50 MHz;
GPIO_Init(GPIOC, &GPIO_InitStructure),初始化 PC6 和 PC7 为 50 MHz 推拉输出。
```

(5) 流水灯程序。

PC6 驱动 LED1、PC7 驱动 LED2、PA5 驱动 LED3,依次点亮、延时、熄灭,形成亮流水效果。

```
while (1)
{
    GPIO_SetBits(GPIOC, GPIO_Pin_6),PC6 输出高电平 1,驱动 LED1 点亮。
    Delay(0xAFFFF),延时一会。
    GPIO_ResetBits(GPIOC, GPIO_Pin_6),PC6 输出低电平 0,驱动 LED1 熄灭。
    Delay(0xAFFFF),延时一会。

    GPIO_SetBits(GPIOC, GPIO_Pin_7),PC7 输出高电平 1,驱动 LED2 点亮。
    Delay(0xAFFFF),延时一会。
    GPIO_ResetBits(GPIOC, GPIO_Pin_7),PC7 输出低电平 0,驱动 LED2 熄灭。
    Delay(0xAFFFF),延时一会。

    GPIO_SetBits(GPIOA, GPIO_Pin_5),PA5 输出高电平 1,驱动 LED3 点亮。
    Delay(0xAFFFF),延时一会。
    GPIO_ResetBits(GPIOA, GPIO_Pin_5), PA5 输出低电平 0,驱动 LED3 熄灭。
    Delay(0xAFFFF),延时一会。
}
```

(6) 延时函数。

```
void Delay(vu32 nCount)
{
    for(; nCount ! = 0; nCount--);
}
```

(7) 断言异常处理。

```
void assert_failed(u8* file, u32 line) {
```

```
    while (1)
    {
    }
}
```

3. 实验过程与现象

完整的实验过程见 4.2 小节,其中仿真、调试程序,下载并运行验证程序见 4.2.4 小节。实验现象见图 4-72(本书配套程序:实验 3　GPIO_IOToggle,实验 3　GPIO_IOToggle－LCD,后者 LCD 版有 LCD 显示信息,后同)。

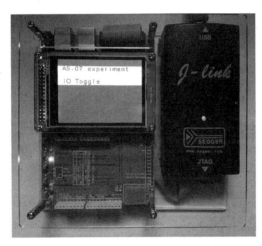

图 4-72　STM32-SS 实验板运行程序

【**实验 4-4**】　LED 流水灯(使用 ST 的 V3.5.0 库函数,完整 RCC)。

(1) 与实验 4-3 相同的部分省略,这里只讲编程方法使用 ST 的 V3.5.0 库函数的工程模板和范例程序部分,且接续 3.3.9 小节的第(6)项。

为简单起见,将 D:\STM32\STM32F10x_StdPeriph_Lib_V3.5.0\Project\STM32F10x_StdPeriph_Examples\GPIO\IOToggle 的所有文件复制到 D:\STM32\STM32F10x_StdPeriph_Lib_V3.5.0\Project\STM32F10x_StdPeriph_Template,替换重名文件。

修改 ST 的范例程序,编译完成后,设置下载仿真器使用 J-LINK,下载程序到 AS-07 运行。

修改后的程序如下:

```
# include "stm32f10x.h"
# include "stm32_eval.h"
GPIO_InitTypeDef GPIO_InitStructure;
void Delay(_IO uint32_t nCount);
int main(void)
{
    RCC_APB2PeriphClockCmd(RCC_APB2Periph_GPIOC, ENABLE);
    GPIO_InitStructure.GPIO_Pin= GPIO_Pin_6 | GPIO_Pin_7;
```

```c
    GPIO_InitStructure.GPIO_Speed= GPIO_Speed_50 MHz;
    GPIO_InitStructure.GPIO_Mode= GPIO_Mode_Out_PP;
    GPIO_Init(GPIOC, &GPIO_InitStructure);

    while (1)
    {
      /* Set PC6 */
      GPIOC-> BSRR= 0x00000040;//... 0100 0000
/* Insert delay */
      Delay(0x3FFFF);
      /* Reset PC6 */
      GPIOC-> BRR  = 0x00000040;//... 0100 0000
/* Insert delay */
      Delay(0x3FFFF);

      /* Set PC7 */
      GPIOC-> BSRR= 0x00000080;//... 1000 0000
/* Insert delay */
      Delay(0x3FFFF);
      /* Reset PC7 */
      GPIOC-> BRR  = 0x00000080;//... 1000 0000
/* Insert delay */
      Delay(0x3FFFF);  }
}

void Delay(__IO uint32_t nCount)
{
  for(; nCount! = 0;nCount--);
}
```

(2) 程序分析：上面的程序基本上在实验 4-1、4-2 中出现并分析解释过了，最大的区别是 RCC 程序不同，下面进行说明。

RCC 时钟设置程序在 2 个文件(startup_stm32f10x_hd.s、system_stm32f10x.c)中，有 4 个标号/函数(Reset_Handler、void SystemInit (void)、static void SetSysClock(void)、static void SetSysClockTo72(void))，源代码分别如下(注意关键程序处已经标黑并加汉字说明)。

① 启动文件 startup_stm32f10x_hd.s 里的 Reset_Handler，具体程序如下：

```
Reset_Handler   PROC
                EXPORT   Reset_Handler              [WEAK]
                IMPORT   __main           ;跳到_main
                IMPORT   SystemInit       ;跳到系统初始化
                LDR      R0,= SystemInit
                BLX      R0
```

```
            LDR      R0,=__main
            BX       R0
            ENDP
```

② 系统设置文件在 system_stm32f10x.c 中。

```c
void SystemInit (void)
{
/* Reset the RCC clock configuration to the default reset state(for debug
purpose) */
/* Set HSION bit */
RCC->CR |= (uint32_t)0x00000001;

/* Reset SW, HPRE, PPRE1, PPRE2, ADCPRE and MCO bits */
#ifndef STM32F10X_CL
  RCC->CFGR &= (uint32_t)0xF8FF0000;
#else
  RCC->CFGR &= (uint32_t)0xF0FF0000;
#endif /* STM32F10X_CL */

/* Reset HSEON, CSSON and PLLON bits */
RCC->CR &= (uint32_t)0xFEF6FFFF;

/* Reset HSEBYP bit */
RCC->CR &= (uint32_t)0xFFFBFFFF;

/* Reset PLLSRC, PLLXTPRE, PLLMUL and USBPRE/OTGFSPRE bits */
RCC->CFGR &= (uint32_t)0xFF80FFFF;

#ifdef STM32F10X_CL
/* Reset PLL2ON and PLL3ON bits */
  RCC->CR &= (uint32_t)0xEBFFFFFF;

/* Disable all interrupts and clear pending bits  */
  RCC->CIR= 0x00FF0000;

/* Reset CFGR2 register */
  RCC->CFGR2= 0x00000000;
#elif defined (STM32F10X_LD_VL) || defined (STM32F10X_MD_VL) || (defined STM32F10X_HD_VL)
  /* Disable all interrupts and clear pending bits  */
RCC->CIR= 0x009F0000;

/* Reset CFGR2 register */
RCC->CFGR2= 0x00000000;
```

```
# else
  /* Disable all interrupts and clear pending bits    */
  RCC-> CIR= 0x009F0000;
# endif /* STM32F10X_CL */

# if defined (STM32F10X_HD)||(defined STM32F10X_XL)||(defined STM32F10X_HD_VL)
  # ifdef DATA_IN_ExtSRAM
    SystemInit_ExtMemCtl();
  # endif /* DATA_IN_ExtSRAM */
# endif

  /* Configure the System clock frequency, HCLK, PCLK2 and PCLK1 prescalers */
  /* Configure the Flash Latency cycles and enable prefetch buffer */
  SetSysClock();  ;跳到设置系统时钟

# ifdef VECT_TAB_SRAM
  SCB-> VTOR= SRAM_BASE | VECT_TAB_OFFSET; /* Vector Table Relocation in Internal SRAM. */
# else
  SCB-> VTOR= FLASH_BASE | VECT_TAB_OFFSET; /* Vector Table Relocation in Internal FLASH. */
# endif
}
```

③ 设置系统时钟在 system_stm32f10x.c 中。

```
static void SetSysClock(void)
{
# ifdef SYSCLK_FREQ_HSE
  SetSysClockToHSE();
# elif defined SYSCLK_FREQ_24MHz
  SetSysClockTo24();
# elif defined SYSCLK_FREQ_36MHz
  SetSysClockTo36();
# elif defined SYSCLK_FREQ_48MHz
  SetSysClockTo48();
# elif defined SYSCLK_FREQ_56MHz
  SetSysClockTo56();
# elif defined SYSCLK_FREQ_72MHz
  SetSysClockTo72();  ;跳到设置系统时钟频率为 72 MHz
# endif

  /* If none of the define above is enabled, the HSI is used as System clock
     source (default after reset) */
```

    }
④ 在 system_stm32f10x.c 中,设置系统时钟频率为 72 MHz。

```
static void SetSysClockTo72(void)
{
  __IO uint32_t StartUpCounter= 0, HSEStatus= 0;

  /* SYSCLK, HCLK, PCLK2 and PCLK1 configuration ------------------------ */
  /* Enable HSE */
  RCC-> CR |= ((uint32_t)RCC_CR_HSEON);

  /* Wait till HSE is ready and if Time out is reached exit */
  do
  {
    HSEStatus= RCC-> CR & RCC_CR_HSERDY;
    StartUpCounter+ + ;
  } while((HSEStatus==0) && (StartUpCounter ! = HSE_STARTUP_TIMEOUT));

  if ((RCC-> CR & RCC_CR_HSERDY) ! = RESET)
  {
    HSEStatus= (uint32_t)0x01;
  }
  else
  {
    HSEStatus= (uint32_t)0x00;
  }

  if (HSEStatus== (uint32_t)0x01)
  {
    /* Enable Prefetch Buffer */
    FLASH-> ACR |= FLASH_ACR_PRFTBE;

    /* Flash 2 wait state */
    FLASH-> ACR &= (uint32_t)((uint32_t)~FLASH_ACR_LATENCY);
    FLASH-> ACR |= (uint32_t)FLASH_ACR_LATENCY_2;

    /* HCLK= SYSCLK */
    RCC-> CFGR |= (uint32_t)RCC_CFGR_HPRE_DIV1;

    /* PCLK2= HCLK */
    RCC-> CFGR |= (uint32_t)RCC_CFGR_PPRE2_DIV1;

    /* PCLK1= HCLK */
    RCC-> CFGR |= (uint32_t)RCC_CFGR_PPRE1_DIV2;
```

```c
# ifdef STM32F10X_CL
    /* Configure PLLs ------------------------------------------------------*/
    /* PLL2 configuration: PLL2CLK= (HSE / 5) * 8= 40 MHz */
    /* PREDIV1 configuration: PREDIV1CLK= PLL2 / 5= 8 MHz */

    RCC-> CFGR2 &= (uint32_t)~(RCC_CFGR2_PREDIV2 | RCC_CFGR2_PLL2MUL |
                        RCC_CFGR2_PREDIV1 | RCC_CFGR2_PREDIV1SRC);
    RCC-> CFGR2 |= (uint32_t)(RCC_CFGR2_PREDIV2_DIV5 | RCC_CFGR2_PLL2MUL8 |
                        RCC_CFGR2_PREDIV1SRC_PLL2 | RCC_CFGR2_PREDIV1_DIV5);

    /* Enable PLL2 */
    RCC-> CR |= RCC_CR_PLL2ON;
    /* Wait till PLL2 is ready */
    while((RCC-> CR & RCC_CR_PLL2RDY)==0)
    {
    }


    /* PLL configuration: PLLCLK= PREDIV1 * 9= 72 MHz */
    RCC-> CFGR &= (uint32_t)~(RCC_CFGR_PLLXTPRE|RCC_CFGR_PLLSRC|RCC_CFGR_PLLMULL);
    RCC-> CFGR |= (uint32_t)(RCC_CFGR_PLLXTPRE_PREDIV1 | RCC_CFGR_PLLSRC_PREDIV1 |
                        RCC_CFGR_PLLMULL9);
# else
    /*  PLL configuration: PLLCLK= HSE * 9= 72 MHz */
    RCC-> CFGR &= (uint32_t)((uint32_t)~(RCC_CFGR_PLLSRC | RCC_CFGR_PLLXTPRE |
                        RCC_CFGR_PLLMULL));
    RCC-> CFGR |= (uint32_t)(RCC_CFGR_PLLSRC_HSE | RCC_CFGR_PLLMULL9);
# endif /* STM32F10X_CL */

    /* Enable PLL */
    RCC-> CR |= RCC_CR_PLLON;

    /* Wait till PLL is ready */
    while((RCC-> CR & RCC_CR_PLLRDY)==0)
    {
    }

    /* Select PLL as system clock source */
    RCC-> CFGR &= (uint32_t)((uint32_t)~(RCC_CFGR_SW));
    RCC-> CFGR |= (uint32_t)RCC_CFGR_SW_PLL;

    /* Wait till PLL is used as system clock source */
    while ((RCC-> CFGR & (uint32_t)RCC_CFGR_SWS) != (uint32_t)0x08)
    {
```

        }
    }
    else
    { /* If HSE fails to start-up, the application will have wrong clock
            configuration. User can add here some code to deal with this error */
    }
}

4.4 STM32 的中断和事件

STM32F103xx 增强型产品内置 NVIC(nested vectored interrupt controller，嵌套的向量式中断控制器)，能够处理多达 68 个可屏蔽中断通道(不包括 16 个 Cortex-M3 的中断线)和 16 个优先级。该模块以最小的中断延迟提供灵活的中断管理功能。

EXTI(外部中断/事件控制器)包含 19 个边沿检测器，用于产生中断/事件请求。多达 80 个通用 I/O 口连接到 16 个外部中断线。

4.4.1 嵌套向量中断控制器

4.4.1.1 特性

STM32 嵌套向量中断控制器(NVIC)的主要特性如下：

具有 68 个可屏蔽中断通道(不包含 16 个 Cortex™-M3 的中断线)；具有 16 个可编程的优先等级(使用了 4 位中断优先级)；可实现低延迟的异常和中断处理；具有电源管理控制；系统控制寄存器的实现。

嵌套向量中断控制器(NVIC)和处理器核的接口紧密相连，可以实现低延迟的中断处理和高效地处理晚到的中断。

4.4.1.2 异常和中断向量

表 4-9 所示为 STM32F10xxx 产品(小容量、中容量和大容量)的向量表。

表 4-9 STM32F10xxx 产品(小容量、中容量和大容量)的向量表

位置	优先级	优先级类型	名 称	说 明	地 址
—	—	—		保留	0x0000_0000
	−3	固定	Reset	复位	0x0000_0004
	−2	固定	NMI	不可屏蔽中断 RCC 时钟安全系统(CSS)连接到 NMI 向量	0x0000_0008
	−1	固定	硬件失效(HardFault)	所有类型的失效	0x0000_000C
	0	可设置	存储管理(MemManage)	存储器管理	0x0000_0010
	1	可设置	总线错误(BusFault)	预取指失败，存储器访问失败	0x0000_0014
	2	可设置	错误应用(UsageFault)	未定义的指令或非法状态	0x0000_0018

续表

位置	优先级	优先级类型	名称	说明	地址
	—	—	—	保留	0x0000_001C ~0x0000_002B
	3	可设置	SVCall	通过 SWI 指令的系统服务调用	0x0000_002C
	4	可设置	调试监控(DebugMonitor)	调试监控器	0x0000_0030
	—	—	—	保留	0x0000_0034
	5	可设置	PendSV	可挂起的系统服务	0x0000_0038
	6	可设置	SysTick	系统嘀嗒定时器	0x0000_003C
0	7	可设置	WWDG	窗口定时器中断	0x0000_0040
1	8	可设置	PVD	连到 EXTI 的电源电压检测(PVD)中断	0x0000_0044
2	9	可设置	TAMPER	侵入检测中断	0x0000_0048
3	10	可设置	RTC	实时时钟(RTC)全局中断	0x0000_004C
4	11	可设置	FLASH	闪存全局中断	0x0000_0050
5	12	可设置	RCC	复位和时钟控制(RCC)中断	0x0000_0054
6	13	可设置	EXTI0	EXTI 线 0 中断	0x0000_0058
7	14	可设置	EXTI1	EXTI 线 1 中断	0x0000_005C
8	15	可设置	EXTI2	EXTI 线 2 中断	0x0000_0060
9	16	可设置	EXTI3	EXTI 线 3 中断	0x0000_0064
10	17	可设置	EXTI4	EXTI 线 4 中断	0x0000_0068
11	18	可设置	DMA1 通道 1	DMA1 通道 1 全局中断	0x0000_006C
12	19	可设置	DMA1 通道 2	DMA1 通道 2 全局中断	0x0000_0070
13	20	可设置	DMA1 通道 3	DMA1 通道 3 全局中断	0x0000_0074
14	21	可设置	DMA1 通道 4	DMA1 通道 4 全局中断	0x0000_0078
15	22	可设置	DMA1 通道 5	DMA1 通道 5 全局中断	0x0000_007C
16	23	可设置	DMA1 通道 6	DMA1 通道 6 全局中断	0x0000_0080
17	24	可设置	DMA1 通道 7	DMA1 通道 7 全局中断	0x0000_0084
18	25	可设置	ADC1_2	ADC1 和 ADC2 的全局中断	0x0000_0088
19	26	可设置	USB_HP_CAN_TX	USB 高优先级或 CAN 发送中断	0x0000_008C
20	27	可设置	USB_LP_CAN_RX0	USB 低优先级或 CAN 接收 0 中断	0x0000_0090
21	28	可设置	CAN_RX1	CAN 接收 1 中断	0x0000_0094
22	29	可设置	CAN_SCE	CAN SCE 中断	0x0000_0098
23	30	可设置	EXTI9_5	EXTI 线[9:5]中断	0x0000_009C
24	31	可设置	TIM1_BRK	TIM1 刹车中断	0x0000_00A0
25	32	可设置	TIM1_UP	TIM1 更新中断	0x0000_00A4

续表

位置	优先级	优先级类型	名称	说明	地址
26	33	可设置	TIM1_TRG_COM	TIM1 触发和通信中断	0x0000_00A8
27	34	可设置	TIM1_CC	TIM1 捕获比较中断	0x0000_00AC
28	35	可设置	TIM2	TIM2 全局中断	0x0000_00B0
29	36	可设置	TIM3	TIM3 全局中断	0x0000_00B4
30	37	可设置	TIM4	TIM4 全局中断	0x0000_00B8
31	38	可设置	I2C1_EV	I2C1 事件中断	0x0000_00BC
32	39	可设置	I2C1_ER	I2C1 错误中断	0x0000_00C0
33	40	可设置	I2C2_EV	I2C2 事件中断	0x0000_00C4
34	41	可设置	I2C2_ER	I2C2 错误中断	0x0000_00C8
35	42	可设置	SPI1	SPI1 全局中断	0x0000_00CC
36	43	可设置	SPI2	SPI2 全局中断	0x0000_00D0
37	44	可设置	USART1	USART1 全局中断	0x0000_00D4
38	45	可设置	USART2	USART2 全局中断	0x0000_00D8
39	46	可设置	USART3	USART3 全局中断	0x0000_00DC
40	47	可设置	EXTI15_10	EXTI 线[15:10]中断	0x0000_00E0
41	48	可设置	RTCAlarm	连接 EXTI 的 RTC 闹钟中断	0x0000_00E4
42	49	可设置	USB 唤醒	连到 EXTI 的从 USB 待机唤醒中断	0x0000_00E8
43	50	可设置	TIM8_BRK	TIM8 刹车中断	0x0000_00EC
44	51	可设置	TIM8_UP	TIM8 更新中断	0x0000_00F0
45	52	可设置	TIM8_TRG_COM	TIM8 触发和通信中断	0x0000_00F4
46	53	可设置	TIM8_CC	TIM8 捕获比较中断	0x0000_00F8
47	54	可设置	ADC3	ADC3 全局中断	0x0000_00FC
48	55	可设置	FSMC	FSMC 全局中断	0x0000_0100
49	56	可设置	SDIO	SDIO 全局中断	0x0000_0104
50	57	可设置	TIM5	TIM5 全局中断	0x0000_0108
51	58	可设置	SPI3	SPI3 全局中断	0x0000_010C
52	59	可设置	UART4	UART4 全局中断	0x0000_0110
53	60	可设置	UART5	UART5 全局中断	0x0000_0114
54	61	可设置	TIM6	TIM6 全局中断	0x0000_0118
55	62	可设置	TIM7	TIM7 全局中断	0x0000_011C
56	63	可设置	DMA2 通道 1	DMA2 通道 1 全局中断	0x0000_0120
57	64	可设置	DMA2 通道 2	DMA2 通道 2 全局中断	0x0000_0124
58	65	可设置	DMA2 通道 3	DMA2 通道 3 全局中断	0x0000_0128
59	66	可设置	DMA2 通道 4_5	DMA2 通道 4 和 DMA2 通道 5 全局中断	0x0000_012C

4.4.2 外部中断/事件控制器(EXTI)

外部中断/事件控制器由 19 个产生事件/中断请求的边沿检测器组成(见图 4-73)。每个输入线可以独立地配置输入类型(脉冲或挂起)和对应的触发事件(上升沿或下降沿或者双边沿都触发)。每个输入线都可以独立地被屏蔽。挂起寄存器保持着状态线的中断请求。

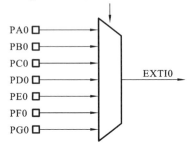
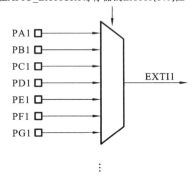
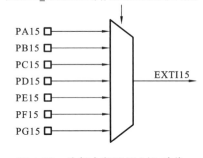

图 4-73 外部中断通用 I/O 映像

4.4.2.1 主要特性

EXTI 控制器的主要特性如下:
(1) 每个中断/事件都有独立的触发和屏蔽。
(2) 每个中断线都有专用的状态位。
(3) 支持多达 19 个软件的中断/事件请求。
(4) 检测脉冲宽度低于 APB2 时钟宽度的外部信号。

4.4.2.2 外部中断/事件线路映像

(1) 外部中断/事件线路映像。
(2) 通过 AFIO_EXTICRx 配置 GPIO 线上的外部中断/事件,必须先使能 AFIO 时钟。
(3) 另外四个 EXTI 线的连接方式如下:EXTI 线 16 连接到 PVD 输出,EXTI 线 17 连接到 RTC 闹钟事件,EXTI 线 18 连接到 USB 唤醒事件。
(4) 如果需要产生中断,中断线必须事先配置好并被激活。
(5) 为产生一个有效的事件触发,事件连接线必须事先配置好并被激活。
(6) 硬件中断选择可以配置 19 个线路作为中断源。
(7) 硬件事件选择可以配置 19 个线路作为事件源。

4.4.3 NVIC 和 EXTI 库函数

4.4.3.1 NVIC 寄存器结构

NVIC 寄存器结构,NVIC_TypeDef,在文件"stm32f10x_map.h"中定义如下:

```
typedef struct
{
vu32 ISER[2];
u32 RESERVED0[30];
```

```
  vu32 ICER[2];
  u32 RSERVED1[30];
  vu32 ISPR[2];
  u32 RESERVED2[30];
  vu32 ICPR[2];
  u32 RESERVED3[30];
  vu32 IABR[2];
  u32 RESERVED4[62];
  vu32 IPR[15];
} NVIC_TypeDef;/* NVIC Structure */

typedef struct
{
  vu32 CPUID;
  vu32 ICSR;
  vu32 VTOR;
  vu32 AIRCR;
  vu32 SCR;
  vu32 CCR;
  vu32 SHPR[3];
  vu32 SHCSR;
  vu32 CFSR;
  vu32 HFSR;
  vu32 DFSR;
  vu32 MMFAR;
  vu32 BFAR;
  vu32 AFSR;
} SCB_TypeDef; /* System Control Block Structure *
```

4.4.3.2 NVIC 寄存器

NVIC 寄存器见表 4-10。

表 4-10 NVIC 寄存器

寄 存 器	描 述
ISER	中断设置使能寄存器
ICER	中断清除使能寄存器
ISPR	中断设置待处理寄存器
ICPR	中断清除待处理寄存器
IABR	中断活动位寄存器
IPR	中断优先级寄存器
CPUID	CPUID 基寄存器

续表

寄 存 器	描 述
ICSR	中断控制状态寄存器
VTOR	向量表移位寄存器
AIRCR	应用控制/重置寄存器
SCR	系统控制寄存器
CCR	设置控制寄存器
SHPR	系统处理优先级寄存器
SHCSR	系统处理控制和状态寄存器
CFSR	设置错误状态寄存器
HFSR	硬件错误状态寄存器
DFSR	排除错误状态寄存器
MMFAR	存储器管理错误地址寄存器
BFAR	总线错误地址寄存器

4.4.3.3 NVIC 库函数

NVIC 库函数的函数名与描述见表 4-11。

表 4-11 NVIC 库函数

函 数 名	描 述
NVIC_DeInit	将外设 NVIC 寄存器重设为缺省值
NVIC_SCBDeInit	将外设 SCB 寄存器重设为缺省值
NVIC_PriorityGroupConfig	设置优先级分组：先占式优先级和副优先级
NVIC_Init	根据 NVIC_InitStruct 中指定的参数初始化外设 NVIC 寄存器
NVIC_StructInit	把 NVIC_InitStruct 中的每一个参数按缺省值填入
NVIC_SETPRIMASK	使能 PRIMASK 优先级：提升执行优先级至 0
NVIC_RESETPRIMASK	失能 PRIMASK 优先级
NVIC_SETFAULTMASK	使能 FAULTMASK 优先级：提升执行优先级至 −1
NVIC_RESETFAULTMASK	失能 FAULTMASK 优先级
NVIC_BASEPRICONFIG	改变执行优先级从 N（最低可设置优先级）提升至 1
NVIC_GetBASEPRI	返回 BASEPRI 屏蔽值
NVIC_GetCurrentPendingIRQChannel	返回当前待处理 IRQ 标识符
NVIC_GetIRQChannelPendingBitStatus	检查指定的 IRQ 通道待处理位设置与否
NVIC_SetIRQChannelPendingBit	设置指定的 IRQ 通道待处理位
NVIC_ClearIRQChannelPendingBit	清除指定的 IRQ 通道待处理位

续表

函 数 名	描 述
NVIC_GetCurrentActiveHandler	返回当前活动的 Handler(IRQ 通道和系统 Handler)的标识符
NVIC_GetIRQChannelActiveBitStatus	检查指定的 IRQ 通道活动位设置与否
NVIC_GetCPUID	返回 ID 号码,Cortex-M3 内核的版本号和实现细节
NVIC_SetVectorTable	设置向量表的位置和偏移
NVIC_GenerateSystemReset	产生一个系统复位
NVIC_GenerateCoreReset	产生一个内核(内核+NVIC)复位
NVIC_SystemLPConfig	选择系统进入低功耗模式的条件
NVIC_SystemHandlerConfig	使能或者失能指定的系统 Handler
NVIC_SystemHandlerPriorityConfig	设置指定的系统 Handler 优先级
NVIC_GetSystemHandlerPendingBitStatus	检查指定的系统 Handler 待处理位设置与否
NVIC_SetSystemHandlerPendingBit	设置系统 Handler 待处理位
NVIC_ClearSystemHandlerPendingBit	清除系统 Handler 待处理位
NVIC_GetSystemHandlerActiveBitStatus	检查系统 Handler 活动位设置与否
NVIC_GetFaultHandlerSources	返回表示出错的系统 Handler 源
NVIC_GetFaultAddress	返回产生表示出错的系统 Handler 所在位置的地址

4.4.3.4 EXTI 寄存器结构

EXTI 寄存器结构,EXTI_TypeDef,在文件"stm32f10x_map.h"中定义如下:

```
typedef struct
{ vu32 IMR;
vu32 EMR;
vu32 RTSR;
vu32 FTSR;
vu32 SWIER;
vu32 PR;
} EXTI_TypeDef;
```

4.4.3.5 EXTI 寄存器

表 4-12 列举了 EXTI 寄存器。

表 4-12 EXTI 寄存器

寄 存 器	描 述
IMR	中断屏蔽寄存器
EMR	事件屏蔽寄存器
RISR	上升沿触发选择寄存器

续表

寄 存 器	描 述
FTSR	下降沿触发选择寄存器
SWIR	软件中断事件寄存器
PR	挂起寄存器

4.4.3.6 EXTI 库函数

表 4-13 列举了 EXTI 的库函数。

表 4-13 EXTI 库函数

函 数 名	描 述
EXTI_DeInit	将外设 EXTI 寄存器重设为缺省值
EXTI_Init	根据 EXTI_InitStruct 中指定的参数初始化外设 EXTI 寄存器
EXTI_StructInit	把 EXTI_InitStruct 中的每一个参数按缺省值填入
EXTI_GenerateSWInterrupt	产生一个软件中断
EXTI_GetFlagStatus	检查指定的 EXTI 线路标志位设置与否
EXTI_ClearFlag	清除 EXTI 线路挂起标志位
EXTI_GetITStatus	检查指定的 EXTI 线路触发请求发生与否
EXTI_ClearITPendingBit	清除 EXTI 线路挂起位

4.4.3.7 NVIC 的优先级

1. 中断的优先级与判优

何为占先式优先级(pre-emption priority),高占先式优先级的中断事件会打断当前的主程序/中断程序运行——抢断式优先响应,俗称中断嵌套。

何为副优先级(subpriority),在占先式优先级相同的情况下,高副优先级的中断优先被响应;在占先式优先级相同的情况下,如果有低副优先级中断正在执行,高副优先级的中断也要等待已被响应的低副优先级中断执行结束后才能得到响应——非抢断式响应(不能嵌套)。

判断中断是否会被响应的依据:

首先是占先式优先级,其次是副优先级;

占先式优先级决定是否会有中断嵌套。

注意:Reset、NMI、Hard Fault 优先级为负(高于普通中断优先级)且不可调整。

2. 优先级组别

每一个中断都有一个专门的寄存器 IPR(interrupt priority registers,中断优先寄存器)来描述该中断的占先式优先级及副优先级。

在这个寄存器中,STM32 使用 4 个二进制位描述优先级(Cortex-M3 定义了 8 位,但 STM32 只使用了 4 位)。

占先式优先级与副优先级的分配,4 个优先级描述位有 5 种组合使用方式,即 5 种优先级组别,见图 4-74。

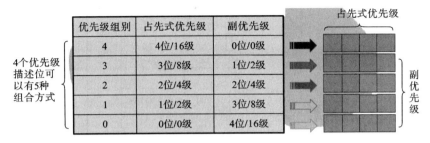

图 4-74 NVIC 优先级组别

优先级组别是几,即占先式优先级使用了寄存器 IPR 的几位,例如优先级组 3 的解释就是占先式优先级使用了寄存器 IPR 的 3 位,其优先级分别是 000,001,010,…,111 共 8 个优先级(0,1,2,…,7 级),则副优先级就是使用了寄存器 IPR 的 1 位,其优先级分别是 0、1 共 2 个优先级(0、1 级)。

4.4.4 中断编程应用

4.4.4.1 EXTI 编程应用

【实验 4-5】 按下 KEY1 触发中断 EXTI_Line5,LED1 指示中断发生(使用 ST 的函数库程序)。

1. 硬件设计

AS-07 型 STM32 实验板的 LED 电路和按键 KEY 电路的原理图见图 3-49、图 3-50 和图 4-75 所示。

KEY1 连接 PE5,未按下时由 R1 上拉电阻拉高为高电平,按下 KEY1 时 PE5 由高电平转变为低电平,产生下降沿。

LED1 连接 PC6,PC6 输出高电平 1,点亮 LED1;输出低电平 0,熄灭 LED1。

2. 软件设计

(1) 设计分析。

在 main 函数里,使用 NVIC_Init 库函数初始化 NVIC,设置中断请求通道为 EXTI5、优先组 0,使能 EXTI9_5 中断。

在 main 函数里,使用 EXTI_Init 库函数初始化 EXTI,设置 EXTI 中断线 EXTI_Line5,下降沿触发中断。

在 stm32f10x_it.c 里,写出中断函数 EXTI9_5_IRQHandler,按下按键 KEY1,产生中断 EXTI5,LED1 的亮灭状态取反指示中断的发生。

(2) 程序源码与分析。

修改过的使用 ST 的 V2.0.1 函数库编程方法的关键程序段如下(前面分析过的源码不再分析解释):

```
int main(void)
```

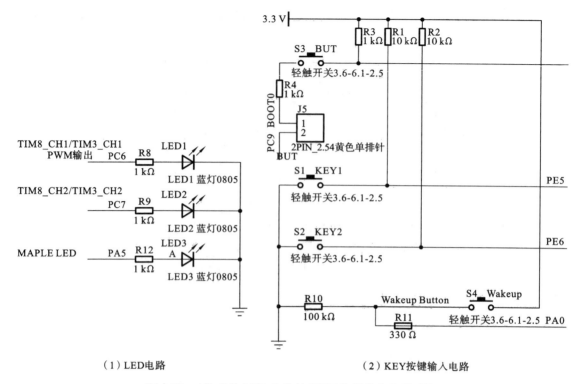

（1）LED电路　　　　　　　　　　（2）KEY按键输入电路

图 4-75　AS-07 的 LED 和按键 KEY 的部分电路原理图

```
{
RCC_Configuration();        //调用 RCC 设置函数
NVIC_Configuration();       //调用 NVIC 设置函数
GPIO_Configuration();       //调用 GPIO 设置函数

GPIO_EXTILineConfig(GPIO_PortSourceGPIOE, GPIO_PinSource5);//PE5 设置为 EXTI5

EXTI_InitStructure.EXTI_Line= EXTI_Line5;//EXTI 中断线是 EXTI_Line5
EXTI_InitStructure.EXTI_Mode= EXTI_Mode_Interrupt;
                                //EXTI 中断模式是中断(另外一种是事件)
EXTI_InitStructure.EXTI_Trigger= EXTI_Trigger_Falling;
                                //EXTI 触发方式是下降沿
EXTI_InitStructure.EXTI_LineCmd= ENABLE;//使用 EXTI
EXTI_Init(&EXTI_InitStructure);         //使用库函数 EXTI_Init 初始化 EXTI

EXTI_GenerateSWInterrupt(EXTI_Line5);   //产生一个软件中断

while (1);                              //进入无限循环,等待中断发生
   {
   }
 }
```

```c
void RCC_Configuration(void);              //RCC 设置函数,设置完整 RCC
{
...
RCC_APB2PeriphClockCmd(RCC_APB2Periph_GPIOE | RCC_APB2Periph_GPIOC| RCC_
APB2Periph_AFIO, ENABLE);                  //使能 GPIOC、GPIOE 和 AFIO 的时钟
}

void GPIO_Configuration(void);             //GPIO 设置函数
{
GPIO_InitTypeDef GPIO_InitStructure;

GPIO_InitStructure.GPIO_Pin= GPIO_Pin_6;
  GPIO_InitStructure.GPIO_Speed= GPIO_Speed_50 MHz;
  GPIO_InitStructure.GPIO_Mode= GPIO_Mode_Out_PP;
  GPIO_Init(GPIOC, &GPIO_InitStructure); //设置 PC6 为速度 50 MHz 的推拉输出模式

  GPIO_InitStructure.GPIO_Pin= GPIO_Pin_5;
  GPIO_InitStructure.GPIO_Mode= GPIO_Mode_IN_FLOATING;
  GPIO_Init(GPIOE, &GPIO_InitStructure); //设置 PE5 位浮空输入
}

void NVIC_Configuration(void);             //NVIC 设置函数
{
  NVIC_InitTypeDef NVIC_InitStructure;
                    //定义 NVIC_InitStructure 为 NVIC_InitTypeDef 结构体
  ...

  NVIC_PriorityGroupConfig(NVIC_PriorityGroup_1);   //NVIC 优先组 1

  NVIC_InitStructure.NVIC_IRQChannel= EXTI9_5_IRQChannel;
                                          //中断通道是 EXTI9_5
  NVIC_InitStructure.NVIC_IRQChannelPreemptionPriority= 0;   //副优先级为 0
  NVIC_InitStructure.NVIC_IRQChannelSubPriority= 0;   //占先式优先级为 0
  NVIC_InitStructure.NVIC_IRQChannelCmd= ENABLE;   //使能 NVIC 中断
  NVIC_Init(&NVIC_InitStructure);   //初始化 NVIC,使能 EXTI9_5 中断
}

void assert_failed(u8 * file, u32 line);   //断言异常处理函数

void EXTI9_5_IRQHandler(void)              //EXTI9～5 的中断函数
{
    if(EXTI_GetITStatus(EXTI_Line5) ! = RESET)     //判断是不是 EXTI_Line5 中断
    {
      /* Toggle GPIO_LED pin 6 */   //使用 GPIO_WriteBit 库函数读出 PC6 前次的输出,
```

再取反输出,指示中断的发生
```
        GPIO_WriteBit(GPIOC, GPIO_Pin_6, (BitAction)((1-GPIO_ReadOutputDataBit
(GPIOC, GPIO_Pin_6))));

        /* Clear the Key Button EXTI line pending bit */
        EXTI_ClearITPendingBit(EXTI_Line5);    //清除中断挂起位,为下次判断中断作准备
    }
}
```

(3) 程序源码。

修改过的使用 ST 的 V3.5.0 版函数库编程方法的关键程序段如下(前面分析过的源码不再分析解释):

```
    int main(void);//主函数
    {
      STM_EVAL_LEDInit(LED1)                    ;//初始化 LED1
      EXTI9_5_Config()                          ;//设置 EXTI
      EXTI_GenerateSWInterrupt(EXTI_Line5)      ;//产生一次 EXTI_Line5 软件中断

      while (1)                                 ;//等待中断发生
      {
      }
    }
```

STM_EVAL_LEDInit 函数在 stm3210e_eval.c 文件里,源码如下:

```
    void STM_EVAL_LEDInit(Led_TypeDef Led)
    {
      GPIO_InitTypeDef  GPIO_InitStructure;

      RCC_APB2PeriphClockCmd(GPIO_CLK[Led], ENABLE);

      GPIO_InitStructure.GPIO_Pin= GPIO_PIN[Led];
      GPIO_InitStructure.GPIO_Mode= GPIO_Mode_Out_PP;
      GPIO_InitStructure.GPIO_Speed= GPIO_Speed_50 MHz;
      GPIO_Init(GPIO_PORT[Led], &GPIO_InitStructure);
    }
```

其中关于 LED 的定义和设置如下(stm3210e_eval.c 文件里):

```
    GPIO_TypeDef* GPIO_PORT[LEDn]= {LED1_GPIO_PORT, LED2_GPIO_PORT, LED3_GPIO_
    PORT,};
    const uint16_t GPIO_PIN[LEDn]= {LED1_PIN, LED2_PIN, LED3_PIN};
    const uint32_t GPIO_CLK[LEDn]= {LED1_GPIO_CLK, LED2_GPIO_CLK, LED3_GPIO_
    CLK};
```

其中关于 LED 的定义和设置如下(在 stm3210e_eval.h 文件里):

```
# define LED1_PIN              GPIO_Pin_6
# define LED1_GPIO_PORT        GPIOC
# define LED1_GPIO_CLK         RCC_APB2Periph_GPIOC
# define LED2_PIN              GPIO_Pin_7
# define LED2_GPIO_PORT        GPIOC
# define LED2_GPIO_CLK         RCC_APB2Periph_GPIOC
# define LED3_PIN              GPIO_Pin_5
# define LED3_GPIO_PORT        GPIOA
# define LED3_GPIO_CLK         RCC_APB2Periph_GPIOA
```

EXTI9_5_Config()函数在 main.c 里,源码如下:

```
void EXTI9_5_Config(void)
{
  RCC_APB2PeriphClockCmd(RCC_APB2Periph_GPIOE, ENABLE);

  GPIO_InitStructure.GPIO_Pin= GPIO_Pin_5;
  GPIO_InitStructure.GPIO_Mode= GPIO_Mode_IN_FLOATING;
  GPIO_Init(GPIOE, &GPIO_InitStructure);

  RCC_APB2PeriphClockCmd(RCC_APB2Periph_AFIO, ENABLE);

  GPIO_EXTILineConfig(GPIO_PortSourceGPIOE, GPIO_PinSource5);

  EXTI_InitStructure.EXTI_Line= EXTI_Line5;
  EXTI_InitStructure.EXTI_Mode= EXTI_Mode_Interrupt;
  EXTI_InitStructure.EXTI_Trigger= EXTI_Trigger_Falling;
  EXTI_InitStructure.EXTI_LineCmd= ENABLE;
  EXTI_Init(&EXTI_InitStructure);

  NVIC_InitStructure.NVIC_IRQChannel= EXTI9_5_IRQn;
  NVIC_InitStructure.NVIC_IRQChannelPreemptionPriority= 0x0F;
  NVIC_InitStructure.NVIC_IRQChannelSubPriority= 0x0F;
  NVIC_InitStructure.NVIC_IRQChannelCmd= ENABLE;

  NVIC_Init(&NVIC_InitStructure);
}
```

中断函数在 stm32f10x_it.c 里,源码如下:

```
void EXTI9_5_IRQHandler(void)
{
  if(EXTI_GetITStatus(EXTI_Line5) != RESET)
  {
    STM_EVAL_LEDToggle(LED1);
    EXTI_ClearITPendingBit(EXTI_Line5);
```

}
}

STM_EVAL_LEDToggle 函数在 stm3210e_eval.c 文件里,源码如下:

```
void STM_EVAL_LEDToggle(Led_TypeDef Led)
{
  GPIO_PORT[Led]-> ODR ^= GPIO_PIN[Led];
}
```

3. 实验过程与现象

实验过程见 4.2 小节。

实验现象:上电程序运行后,由于产生了一次软件中断,所以 LED1 点亮;按下 KEY1,发生中断,执行 EXTI9_5IRQHandler 中断处理程序,LED1 熄灭。LED1 亮灭状态的改变指示发生了中断,见图 4-76。

由于采用机械按键,如果 LED1 由点亮再到熄灭则发生了奇数次中断,如果 LED1 由点亮再到点亮则发生了偶数次中断。

图 4-76 按下按键 KEY1 发生中断、LED 指示发生中断

本实验使用 MDK 软件仿真,单击 Step Over 单步运行到 while(1)后,单击仿真外设 GPIOE 的 Pin5 2 次(见图 4-77),产生下降沿,再单击 Step Over 单步运行,进入 void EXTI9

_5_IRQHandler(void)中断函数，运行完 STM_EVAL_LEDToggle(LED1)函数后，看见仿真外设 GPIOC 的 Pin6 状态取反（见图 4-78）。

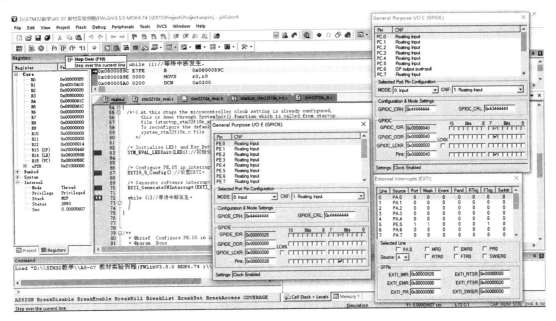

图 4-77　单击仿真外设 GPIOE 的 Pin5 两次

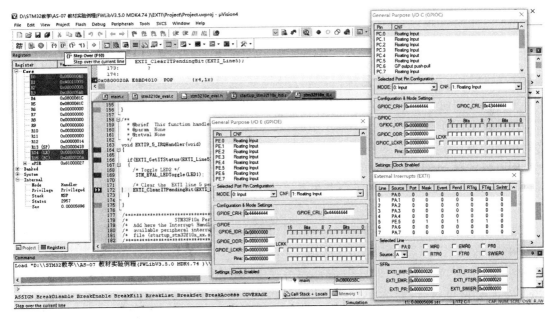

图 4-78　仿真进入 EXTI9_5_IRQHandler 中断函数

4.4.4.2　NVIC 编程应用

【实验 4-6】 按下 KEY1 按键触发中断 EXTI_Line5，并改变 Wakeup 按键的 EXTI_Line0 中断和 SysTick 中断的优先级，LED1 和 LED2 闪烁表示 SysTick 中断优先级最高时

的中断发生(使用 ST 的函数库程序)。

1. 硬件设计

AS-07 型 STM32 实验板的 LED 电路和按键 KEY 电路的原理图见图 3-49、图 3-50 和图 4-75 所示。

KEY1 按键连接 PE5,未按下时由 R1 上拉电阻拉高为高电平,按下 KEY1 时 PE5 由高电平转变为低电平,产生下降沿。

Wakeup 按键连接 PA0,未按下时由 R10 和 R11 下拉电阻拉低为低电平,按下时 PA0 由低电平转变为高电平,产生上升沿,松开时产生下降沿。

LED1 连接 PC6,PC6 输出高电平 1 点亮 LED1,输出低电平 0 熄灭 LED1。LED2 连接 PC7,PC7 输出高电平 1 点亮 LED2,输出低电平 0 熄灭 LED2。LED3 连接 PA5,PA5 输出高电平 1 点亮 LED3,输出低电平 0 熄灭 LED3。

2. 软件设计(编程)

(1) 设计分析。

在 main 函数里,使用 NVIC_Init 库函数初始化 NVIC,设置中断请求通道为 EXTI0、EXTI5、优先组 1。EXTI0 的占先式优先级为 PreemptionPriorityValue=0,副优先级为 0;EXTI5 的占先式优先级为 0,副优先级为 1。

在 main 函数里,使用 NVIC_SystemHandlerPriorityConfig 库函数,设置 SysTick 中断的优先级,占先式优先级!PreemptionPriorityValue=1 和副优先级为 0。

在 main 函数里调用 EXTI_Configuration 函数,使用 EXTI_Init 库函数初始化 EXTI,设置 EXTI 中断线 EXTI_Line0、EXTI_Line5,下降沿触发中断。

小结一下上述设置:初始时,优先级顺序是 EXTI0>EXTI5>SysTick。

在 stm32f10x_it.c 里,分别写出了 SysTickHandler、EXTI0_IRQHandler、EXTI9_5_IRQHandler 等 3 个中断处理函数。

下面说明如何发生和处理中断。

先按下 KEY1 按键,发生 EXTI5 中断,转去执行 EXTI9_5_IRQHandler 中断处理函数,PreemptionPriorityValue 取反为 1,EXTI0 的占先式优先级为 PreemptionPriorityValue=1,同时也设置 SysTick 中断的占先式优先级!PreemptionPriorityValue=0,且 PreemptionOccured=FALSE,即占先式中断发生为假。优先级顺序是 SysTick>EXTI5>EXTI0。

如果此后再按下 Wakeup 按键,发生 EXTI0 中断,转去执行 EXTI0_IRQHandler 中断处理函数,执行 NVIC_SetSystemHandlerPendingBit(SystemHandler_SysTick)语句后,将置 SysTick 中断待处理位为 1,因为此时优先级顺序是 SysTick>EXTI5>EXTI0,则 SysTick 中断抢占发生,转去执行 SysTickHandler 处理函数,执行 PreemptionOccured=TRUE 语句后,退出中断处理程序,回到主函数 main 里执行 while 函数,再执行 if 语句,即 LED1 和 LED2 闪烁指示占先式(抢占式)中断发生过了。

之后按 KEY1 按键,发生 EXTI5 中断,转去执行 EXTI9_5_IRQHandler 中断处理函数,将再次改变 3 个中断的顺序为初始状态,即 EXTI0>EXTI5>SysTick,且 PreemptionOccured=FALSE,即占先式中断发生为假,退出中断后回到主函数 main 里执行 while 函数,不执行 if 语句,即 LED1 和 LED2 闪烁停止。

(2) 程序源码与分析。

修改过的使用 ST 的 V2.0.1 版函数库编程方法的关键程序段如下(前面分析过的源码不再分析解释):

```
int main(void)
{
  RCC_Configuration()        ;//调用 RCC 设置函数
  GPIO_Configuration()       ;//调用 GPIO 设置函数
  EXTI_Configuration()       ;//调用 EXTI 设置函数

# ifdef  VECT_TAB_RAM
  /* Set the Vector Table base location at 0x20000000 */
  NVIC_SetVectorTable(NVIC_VectTab_RAM, 0x0);
# else  /* VECT_TAB_FLASH  */
  /* Set the Vector Table base location at 0x08000000 */
  NVIC_SetVectorTable(NVIC_VectTab_FLASH, 0x0); //存储向量表到 FLASH
# endif

  NVIC_PriorityGroupConfig(NVIC_PriorityGroup_1); //设置 NVIC 优先组为 1


  NVIC_InitStructure.NVIC_IRQChannel= EXTI0_IRQChannel;//中断通道是 EXTI0
  NVIC_InitStructure.NVIC_IRQChannelPreemptionPriority= PreemptionPriori-
tyValue;//占先式优先级为 PreemptionPriorityValue= 0
  NVIC_InitStructure.NVIC_IRQChannelSubPriority= 0; //副优先级为 0
  NVIC_InitStructure.NVIC_IRQChannelCmd= ENABLE;//使能 NVIC 中断
  NVIC_Init(&NVIC_InitStructure);//按照上面的设置初始化 NVIC

NVIC_InitStructure.NVIC_IRQChannel= EXTI9_5_IRQChannel; //中断通道是 EXTI9_5
  NVIC_InitStructure.NVIC_IRQChannelPreemptionPriority= 0;   //占先式优先级
                                                              为 0
  NVIC_InitStructure.NVIC_IRQChannelSubPriority= 1;//副优先级为 1
  NVIC_InitStructure.NVIC_IRQChannelCmd= ENABLE;//使能 NVIC 中断
  NVIC_Init(&NVIC_InitStructure);//按照上面的设置初始化 NVIC

  /* Configure the SysTick Handler Priority: Preemption priority and subpri-
ority */
   NVIC _ SystemHandlerPriorityConfig ( SystemHandler _ SysTick, ! Preemp-
tionPriorityValue, 0);//设置 SysTick 中断的优先级:占先式优先级! PreemptionPri-
orityValue= 1 和副优先级为 0

  while (1)
  {
```

```c
    if(PreemptionOccured ! = FALSE); //如果占先式(抢占式)中断发生
    {
        GPIO_WriteBit(GPIOC, GPIO_Pin_6, (BitAction)(1 - GPIO_ReadOutputDataBit(GPIOC, GPIO_Pin_6))); //PC6 驱动 LED1 亮灭状态取反
        Delay(0x5FFFF); //延时
        GPIO_WriteBit(GPIOC, GPIO_Pin_7, (BitAction)(1 - GPIO_ReadOutputDataBit(GPIOC, GPIO_Pin_7))); //PC7 驱动 LED2 亮灭状态取反
        Delay(0x5FFFF); //延时
    }
  }
}

void EXTI_Configuration(void)
{
  GPIO_EXTILineConfig(GPIO_PortSourceGPIOA, GPIO_PinSource0);
                                                            //PA0 设置为 EXTI0

  EXTI_InitStructure.EXTI_Line= EXTI_Line0; //EXTI 中断线是 EXTI_Line0
  EXTI_InitStructure.EXTI_Mode= EXTI_Mode_Interrupt;
                                        //EXTI 中断模式是中断(另外一种是事件)
  EXTI_InitStructure.EXTI_Trigger= EXTI_Trigger_Falling;
                                                    //EXTI 触发方式是下降沿
  EXTI_InitStructure.EXTI_LineCmd= ENABLE;//使能 EXTI
  EXTI_Init(&EXTI_InitStructure);//使用库函数 EXTI_Init 初始化 EXTI

  GPIO_EXTILineConfig(GPIO_PortSourceGPIOE,GPIO_PinSource5);
                                                            //PE5 设置为 EXTI5

  EXTI_InitStructure.EXTI_Line= EXTI_Line5;//EXTI 中断线是 EXTI_Line5
  EXTI_Init(&EXTI_InitStructure);//使用库函数 EXTI_Init 初始化 EXTI
}
```

中断处理函数在 stm32f10x_it.c 文件里，如下：

```c
void SysTickHandler(void);    //SysTick 中断处理函数
{
  if(NVIC_GetIRQChannelActiveBitStatus(EXTI0_IRQChannel) ! = RESET);
                                              //判断是不是 EXTI_Line0 中断
  {
    PreemptionOccured= TRUE;//占先式(抢占式)中断发生
  }
}

void EXTI0_IRQHandler(void); //EXTI0 中断处理函数
{
```

```
    NVIC_SetSystemHandlerPendingBit(SystemHandler_SysTick);
                                    //置 SysTick 中断待处理位为 1

    EXTI_ClearITPendingBit(EXTI_Line0); //清除 EXTI_Line0 中断待处理位
}


void EXTI9_5_IRQHandler(void)//EXTI9_5zhoangdua 中断处理函数
{
  NVIC_InitTypeDef NVIC_InitStructure;
                    //定义 NVIC_InitStructure 为 NVIC_InitTypeDef 结构体

  if(EXTI_GetITStatus(EXTI_Line5) ! = RESET)//判断发生的是不是 EXTI_Line5 中断
  {
    PreemptionPriorityValue= ! PreemptionPriorityValue;
                                    //PreemptionPriorityValue 取反
    PreemptionOccured= FALSE; //占先式中断发生为假

NVIC_InitStructure.NVIC_IRQChannel= EXTI0_IRQChannel;//中断通道是 EXTI0
    NVIC_InitStructure.NVIC_IRQChannelPreemptionPriority= PreemptionPri-
orityValue;//占先式优先级为 PreemptionPriorityValue
    NVIC_InitStructure.NVIC_IRQChannelSubPriority= 0;//副优先级为 0
    NVIC_InitStructure.NVIC_IRQChannelCmd= ENABLE;//使能 NVIC
    NVIC_Init(&NVIC_InitStructure);//按照上面的设置初始化 NVIC

NVIC_SystemHandlerPriorityConfig(SystemHandler_SysTick, ! PreemptionPri-
orityValue, 0); //设置 SysTick 中断的优先级:占先式优先级! PreemptionPriority-
            Value 和副优先级为 0

    EXTI_ClearITPendingBit(EXTI_Line5); //清除 EXTI_Line5 中断待处理位
    }
}
```

修改过的使用 ST 的 V3.5.0 版函数库编程方法的关键程序段如下(前面分析过的源码不再分析解释):

```
int main(void); //主函数
{
//MCU 的时钟设置函数 SystemInit()在启动文件 startup_stm32f10x_hd.s 里

NVIC_Config();//调用 NVIC 设置函数

STM_EVAL_LEDInit(LED1);//初始化 LED1
STM_EVAL_LEDInit(LED2);//初始化 LED2
STM_EVAL_LEDInit(LED3);//初始化 LED3
```

```c
    STM_EVAL_PBInit(BUTTON_KEY1, BUTTON_MODE_EXTI); //初始化按键 KEY1
    STM_EVAL_PBInit(BUTTON_WAKEUP, BUTTON_MODE_EXTI);//初始化按键 WAKEUP

      NVIC_SetPriority(SysTick_IRQn, NVIC_EncodePriority(NVIC_GetPriority-
    Grouping(),
    ! PreemptionPriorityValue, 0));//设置 SysTick 中断的优先级:占先式优先级! Pre-
                                      emptionPriorityValue= 1 和副优先级为 0

      while (1)
      {
        if(PreemptionOccured ! = 0)//如果占先式(抢占式)中断发生
        {
    STM_EVAL_LEDToggle(LED1); //PC6 驱动 LED1 亮灭状态取反
          Delay(0x5FFFF);
    STM_EVAL_LEDToggle(LED2); //PC7 驱动 LED2 亮灭状态取反
          Delay(0x5FFFF);
    STM_EVAL_LEDToggle(LED3); //PA5 驱动 LED3 亮灭状态取反
          Delay(0x5FFFF);
        }
      }
    }
```

初始化按键 KEY1STM_EVAL_PBInit(BUTTON_KEY1，BUTTON_MODE_EXTI)函数在 stm3210e_eval.c 文件里，如下：

```c
    void STM_EVAL_PBInit(Button_TypeDef Button, ButtonMode_TypeDef Button_Mode)
    {
      GPIO_InitTypeDef GPIO_InitStructure;
      EXTI_InitTypeDef EXTI_InitStructure;
      NVIC_InitTypeDef NVIC_InitStructure;

      RCC_APB2PeriphClockCmd(BUTTON_CLK[Button] | RCC_APB2Periph_AFIO, ENABLE);
                                                   //使能按键 BUTTON 的时钟

      GPIO_InitStructure.GPIO_Mode= GPIO_Mode_IN_FLOATING;
      GPIO_InitStructure.GPIO_Pin= BUTTON_PIN[Button];
      GPIO_Init(BUTTON_PORT[Button], &GPIO_InitStructure);
                                                   //初始化按键 BUTTON 的端口位

      if (Button_Mode==BUTTON_MODE_EXTI)//如果按键 BUTTON 是中断模式,则设置 EXTI
      {
        GPIO_EXTILineConfig(BUTTON_PORT_SOURCE[Button], BUTTON_PIN_SOURCE[Button]);

        EXTI_InitStructure.EXTI_Line= BUTTON_EXTI_LINE[Button];
        EXTI_InitStructure.EXTI_Mode= EXTI_Mode_Interrupt;
```

```
    EXTI_InitStructure.EXTI_Trigger= EXTI_Trigger_Falling;
    if(Button ! = BUTTON_WAKEUP)
    {
      EXTI_InitStructure.EXTI_Trigger= EXTI_Trigger_Falling;
    }
    else
    {
      EXTI_InitStructure.EXTI_Trigger= EXTI_Trigger_Rising;
    }
    EXTI_InitStructure.EXTI_LineCmd= ENABLE;
    EXTI_Init(&EXTI_InitStructure);//EXTI 初始化

    NVIC_InitStructure.NVIC_IRQChannel= BUTTON_IRQn[Button];
    NVIC_InitStructure.NVIC_IRQChannelPreemptionPriority= 0x0F;
    NVIC_InitStructure.NVIC_IRQChannelSubPriority= 0x0F;
    NVIC_InitStructure.NVIC_IRQChannelCmd= ENABLE;

    NVIC_Init(&NVIC_InitStructure);//NVIC 初始化
  }
}
```

其中按键 BUTTON 的设置在 stm3210e_eval.c 和 stm3210e_eval.h 里，如下：

```
GPIO_TypeDef * BUTTON_PORT[BUTTONn]= {WAKEUP_BUTTON_GPIO_PORT, KEY1_BUTTON_
                                     GPIO_PORT,KEY2_BUTTON_GPIO_PORT};
                                                                //设置端口

const uint16_t BUTTON_PIN[BUTTONn]= {WAKEUP_BUTTON_PIN, KEY1_BUTTON_PIN,
                                     KEY2_BUTTON_PIN};//设置端口位

const uint32_t BUTTON_CLK[BUTTONn]= {WAKEUP_BUTTON_GPIO_CLK, KEY1_BUTTON_
                                     GPIO_CLK,KEY2_BUTTON_GPIO_CLK};
                                                                //设置时钟

const uint16_t BUTTON_EXTI_LINE[BUTTONn]= {WAKEUP_BUTTON_EXTI_LINE,KEY1_
                                           BUTTON_EXTI_LINE, KEY2_BUTTON_
                                           EXTI_LINE,};      //设置 EXTI_LINE

const uint16_t BUTTON_PORT_SOURCE[BUTTONn]= {WAKEUP_BUTTON_EXTI_PORT_SOURCE,
                                             KEY1_BUTTON_EXTI_PORT_SOURCE,KEY2
                                             _BUTTON_EXTI_PORT_SOURCE,};
                                                                //设置 PORT_SOURCE

const uint16_t BUTTON_PIN_SOURCE[BUTTONn]= {WAKEUP_BUTTON_EXTI_PIN_SOURCE,
                                            KEY1_BUTTON_EXTI_PIN_SOURCE,
```

```
                                              KEY2_BUTTON_EXTI_PIN_SOURCE};
                                                                     //设置 PIN_SOURCE
const uint16_t BUTTON_IRQn[BUTTONn]= {WAKEUP_BUTTON_EXTI_IRQn, KEY1_BUTTON_
                                     EXTI_IRQn,KEY2_BUTTON_EXTI_IRQn};
                                                                 //设置中断请求 IRQn
# define BUTTONn                              3

# define WAKEUP_BUTTON_PIN                    GPIO_Pin_0
# define WAKEUP_BUTTON_GPIO_PORT              GPIOA
# define WAKEUP_BUTTON_GPIO_CLK               RCC_APB2Periph_GPIOA
# define WAKEUP_BUTTON_EXTI_LINE              EXTI_Line0
# define WAKEUP_BUTTON_EXTI_PORT_SOURCE       GPIO_PortSourceGPIOA
# define WAKEUP_BUTTON_EXTI_PIN_SOURCE        GPIO_PinSource0
# define WAKEUP_BUTTON_EXTI_IRQn              EXTI0_IRQn

# define KEY1_BUTTON_PIN                      GPIO_Pin_5
# define KEY1_BUTTON_GPIO_PORT                GPIOE
# define KEY1_BUTTON_GPIO_CLK                 RCC_APB2Periph_GPIOE
# define KEY1_BUTTON_EXTI_LINE                EXTI_Line5
# define KEY1_BUTTON_EXTI_PORT_SOURCE         GPIO_PortSourceGPIOE
# define KEY1_BUTTON_EXTI_PIN_SOURCE          GPIO_PinSource5
# define KEY1_BUTTON_EXTI_IRQn                EXTI9_5_IRQn

# define KEY2_BUTTON_PIN                      GPIO_Pin_6
# define KEY2_BUTTON_GPIO_PORTGPIOE
# define KEY2_BUTTON_GPIO_CLK                 RCC_APB2Periph_GPIOE
# define KEY2_BUTTON_EXTI_LINE                EXTI_Line6
# define KEY2_BUTTON_EXTI_PORT_SOURCE         GPIO_PortSourceGPIOE
# define KEY2_BUTTON_EXTI_PIN_SOURCE          GPIO_PinSource6
# define KEY2_BUTTON_EXTI_IRQn                EXTI9_5_IRQn
```

4. 实验过程与现象

实验过程见本书的 4.2 节。

实验现象：

(1) 先按下 KEY1 按键 1 次并松开,再按下 WAKEUP 按键 1 次并松开,LED1、LED2 和 LED3 流水灯闪烁,表示 SysTick 中断优先级最高,其中断发生。

(2) 再按下 KEY1 按键 1 次并松开,LED1、LED2 和 LED3 流水灯闪烁停止,表示 SysTick 中断优先级最低,其中断没有发生。

4.5　STM32 的串口通信 USART

通用同步/异步收发器(universal synchronous/asynchronous receiver transmitter,

USART),提供了一种灵活的方法,在使用工业标准 NRZ 异步串行数据格式的外部设备之间进行全双工数据交换。USART 利用分数波特率发生器提供宽范围的波特率选择。

它支持同步单向通信和半双工单线通信,也支持 LIN(局部互联网),智能卡协议和 IrDA(红外数据组织)SIR ENDEC 规范,以及调制解调器(CTS/RTS)操作。它还允许多处理器通信。

使用多缓冲器配置的 DMA 方式,可以实现高速数据通信。

4.5.1 USART 概述

USART1 接口通信速率可达 4.5 Mb/s,其他接口的通信速率可达 2.25 兆位/秒。USART 接口具有硬件的 CTS 和 RTS 信号管理、支持 IrDA SIR ENDEC 解码、兼容 ISO7816 的智能卡并提供 LIN 主/从功能。

所有 USART 接口都可以使用 DMA 操作。

4.5.1.1 USART 的主要特性

(1) 全双工的,异步通信。发送和接收共用的可编程波特率,最高达 4.5 Mb/s。
(2) 可编程数据字长度(8 位或 9 位);可配置 1 或 2 个停止位。
(3) 检测标志:接收缓冲器满、发送缓冲器空、传输结束等标志。
(4) 校验控制:发送校验位,对接收数据进行校验。
(5) 四个错误检测标志。

4.5.1.2 USART 功能概述

USART 接口可以简单地通过三线制即 3 个引脚线与其他设备连接在一起,3 个引脚线分别是 RXD(Receive(rx) Data,接收数据串行输入)、TXD(Transmit(tx) Data,发送数据输出)、GND(Ground,地线)。

RXD 通过采样技术来区别数据和噪声,从而恢复数据。

当发送器被禁止时,TX 引脚恢复到它的 I/O 端口配置。当发送器被激活,并且不发送数据时,TX 引脚处于高电平。在单线和智能卡模式里,此 I/O 端口被同时用于数据的发送和接收。

USART 在发送或接收前应处于空闲状态。

USART 通信数据有一个起始位,一个数据字(8 或 9 位,最低有效位在前),一个停止位。

4.5.1.3 USART 特性描述

字长可以通过程序 USART_CR1 寄存器中的 M 位,选择成 8 或 9 位(见图 4-79)。在起始位期间 TX 脚处于低电平,在停止位期间 TX 脚处于高电平。

空闲符号被视为完全由"1"组成的一个完整的数据帧,后面跟着包含了数据的下一帧的开始位("1"的位数也包括了停止位的位数)。

断开符号被视为在一个帧周期内全部收到"0"(包括停止位期间,也是"0")。在断开帧结束时,发送器再插入 1 或 2 个停止位("1")来应答起始位。

发送和接收由一个共用的波特率发生器驱动,当发送器和接收器的使能位分别置位时,

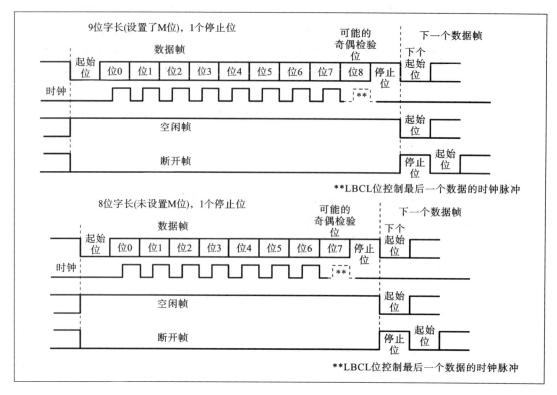

图 4-79 USART 数据帧格式

分别为其产生时钟。

4.5.2 USART 寄存器

4.5.2.1 USART 寄存器结构

USART 寄存器结构，USART_TypeDeff，在文件"stm32f10x_map.h"中定义如下：

```
typedef struct
{
  vu16 SR;
  u16 RESERVED1;
  vu16 DR;
  u16 RESERVED2;
  vu16 BRR;
  u16 RESERVED3;
  vu16 CR1;
  u16 RESERVED4;
  vu16 CR2;
  u16 RESERVED5;
  vu16 CR3;
  u16 RESERVED6;
```

```
    vu16 GTPR;
    u16 RESERVED7;
} USART_TypeDef;
```

4.5.2.2 USART 寄存器

USART 寄存器见表 4-14。

表 4-14 USART 寄存器

寄 存 器	描 述
SR	USART 状态寄存器
DR	USART 数据寄存器
BRR	USART 波特率寄存器
CR1	USART 控制寄存器 1
CR2	USART 控制寄存器 2
CR3	USART 控制寄存器 3
GTPR	USART 保护时间和预分频寄存器

4.5.3 USART 库函数

表 4-15 列举了 USART 的库函数。

表 4-15 USART 库函数

函 数 名	描 述
USART_DeInit	将外设 USARTx 寄存器重设为缺省值
USART_Init	根据 USART_InitStruct 中指定的参数初始化外设 USARTx 寄存器
USART_StructInit	把 USART_InitStruct 中的每一个参数按缺省值填入
USART_Cmd	使能或者失能 USART 外设
USART_ITConfig	使能或者失能指定的 USART 中断
USART_DMACmd	使能或者失能指定 USART 的 DMA 请求
USART_SetAddress	设置 USART 节点的地址
USART_WakeUpConfig	选择 USART 的唤醒方式
USART_ReceiverWakeUpCmd	检查 USART 是否处于静默模式
USART_LINBreakDetectLengthConfig	设置 USART LIN 中断检测长度
USART_LINCmd	使能或者失能 USARTx 的 LIN 模式
USART_SendData	通过外设 USARTx 发送单个数据
USART_ReceiveData	返回 USARTx 最近接收到的数据
USART_SendBreak	发送中断字

续表

函 数 名	描 述
USART_SetGuardTime	设置指定的 USART 保护时间
USART_SetPrescaler	设置 USART 时钟预分频
USART_SmartCardCmd	使能或者失能指定 USART 的智能卡模式
USART_SmartCardNackCmd	使能或者失能 NACK 传输
USART_HalfDuplexCmd	使能或者失能 USART 半双工模式
USART_IrDAConfig	设置 USART IrDA 模式
USART_IrDACmd	使能或者失能 USART IrDA 模式
USART_GetFlagStatus	检查指定的 USART 标志位设置与否
USART_ClearFlag	清除 USARTx 的待处理标志位
USART_GetITStatus	检查指定的 USART 中断发生与否
USART_ClearITPendingBit	清除 USARTx 的中断待处理位

4.5.4 USART 编程应用

4.5.4.1 USART 的完整设置

USART 完整的设置程序范例如下（应用程序里不一定会全部设置，分析说明见后面的实验）：

```
/* The following example illustrates how to configure the USART1 */
USART_InitTypeDef USART_InitStructure;
USART_InitStructure.USART_BaudRate= 9600;
USART_InitStructure.USART_WordLength= USART_WordLength_8b;
USART_InitStructure.USART_StopBits= USART_StopBits_1;
USART_InitStructure.USART_Parity= USART_Parity_Odd;
USART_InitStructure.USART_HardwareFlowControl=
USART_HardwareFlowControl_RTS_CTS;
USART_InitStructure.USART_Mode= USART_Mode_Tx | USART_Mode_Rx;
USART_InitStructure.USART_Clock= USART_Clock_Disable;
USART_InitStructure.USART_CPOL= USART_CPOL_High;
USART_InitStructure.USART_CPHA= USART_CPHA_1Edge;
USART_InitStructure.USART_LastBit= USART_LastBit_Enable;
USART_Init(USART1, &USART_InitStructure);
```

4.5.4.2 USART 串口实验

【实验 4-7】 重定向 C 函数库 printf 函数到 USART1 显示实验（使用 ST 的函数库程序）。

1. 硬件设计

AS-07 开发/实验板的 USART 电路的原理图如图 3-49、图 3-50 和图 4-80 所示。

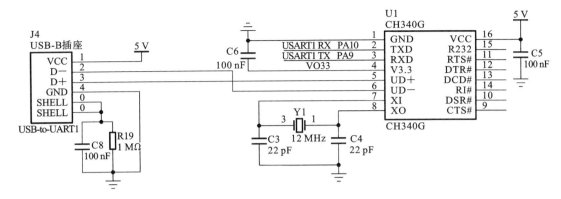

图 4-80　USB 转串口电路

AS-07 开发/实验板与计算机的串口通信实验,需要使用 USB 数据线连接,并且需要在计算机上安装 USB 转串口集成电路驱动程序,详见本书的 3.1.4 小节。

STM32 的 PA9 是串口 USART1 的串行数据发送线 TXD,PA10 是串口 USART1 的串行数据接收线 RXD。

2. 软件设计

(1) 设计分析。

① 使能 GPIOA 的时钟,原因是 USART1 的数据发送线(引脚)和接收线(引脚)是 PA9 和 PA10;使能 USART1 的时钟。

② 设置 PA9 为复用功能推拉输出(GPIO_Mode_AF_PP)模式,设置 PA10 为浮空输入模式。

③ 使用库函数 USART_Init 初始化 USART1,设置 USART 的工作参数。

④ 使能 USART1。

⑤ 使用 USART1 发送或者接收数据。

(2) 程序源码。

修改过的使用 ST 的 V2.0.1 版函数库编程方法的关键程序段如下(前面分析过的源码不再分析解释):

```
# include "stm32f10x_lib.h"
# include "stdio.h"              //c语言标准输入/输出头文件

USART_InitTypeDef USART_InitStructure;   //定义 USART_InitStructure 为 USART
                                         //  _InitTypeDef 结构体
ErrorStatus HSEStartUpStatus;            //定义 HSEStartUpStatus 为 ErrorStatus
                                         //  枚举,ERROR= 0, SUCCESS= ! ERROR
void RCC_Configuration(void);
void GPIO_Configuration(void);
void NVIC_Configuration(void);

int main(void)
```

```c
{
  RCC_Configuration();
  NVIC_Configuration();
  GPIO_Configuration();

  USART_InitStructure.USART_BaudRate= 115200;//波特率115200bps
  USART_InitStructure.USART_WordLength= USART_WordLength_8b;
                                    //8个数据位,就是10帧格式
  USART_InitStructure.USART_StopBits= USART_StopBits_1;//1个停止位
  USART_InitStructure.USART_Parity= USART_Parity_No;//没有奇偶校验位
  USART_InitStructure.USART_HardwareFlowControl= USART_HardwareFlowControl_None;//不使用硬件流控制
  USART_InitStructure.USART_Mode= USART_Mode_Rx | USART_Mode_Tx;//全双工通信

  USART_Init(USART1, &USART_InitStructure);//初始化USART1
  USART_Cmd(USART1, ENABLE);//使能USART1

  printf("\n\rUSART Printf Example: retarget the C library printf function to the USART\n\r");//使用超级终端或者串口助手显示USART1输出的信息

  while (1)//动态停机
  {
  }
}

void RCC_Configuration(void)
{
...
  RCC_APB2PeriphClockCmd(RCC_APB2Periph_GPIOA, ENABLE);
    //使能GPIOA的时钟,原因是USART1的数据发送线(引脚)和接收线(引脚)是PA9和PA10
  RCC_APB2PeriphClockCmd(RCC_APB2Periph_USART1, ENABLE);
    //使能USART1的时钟

}

void GPIO_Configuration(void)
{
  GPIO_InitTypeDef GPIO_InitStructure;

  GPIO_InitStructure.GPIO_Pin= GPIO_Pin_9;
  GPIO_InitStructure.GPIO_Speed= GPIO_Speed_50MHz;
  GPIO_InitStructure.GPIO_Mode= GPIO_Mode_AF_PP;//PA9为复用功能推挽输出模式
  GPIO_Init(GPIOA, &GPIO_InitStructure);
```

```
    GPIO_InitStructure.GPIO_Pin= GPIO_Pin_10;
    GPIO_InitStructure.GPIO_Mode= GPIO_Mode_IN_FLOATING;//PA10 为浮空输入模式
    GPIO_Init(GPIOA, &GPIO_InitStructure);
}

PUTCHAR_PROTOTYPE;//输出重定向函数
{
    USART_SendData(USART1, (u8) ch);//发送数据函数(使用 USART1)

    while(USART_GetFlagStatus(USART1, USART_FLAG_TXE)==RESET);//直到发送完毕
    {
    }

    return ch;
}
```

3. 实验过程和实验观察

实验过程见 4.2 小节，本实验需要将 AS-07 实验板用 USB 线与计算机连接起来，在计算机上运行超级终端或者串口助手，下载程序后或者按下 AS-07 的复位键后，观察实验现象，如图 4-81 所示。

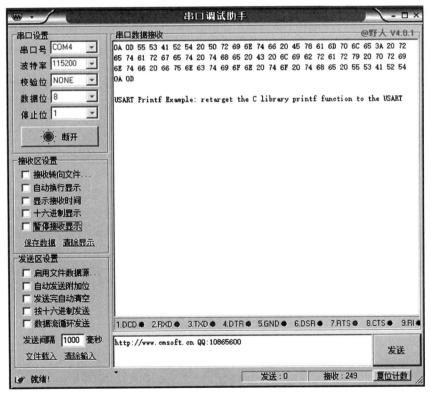

图 4-81　串口助手显示 AS-07 的 USART1 输出的信息

4.6 思考与练习

1. 练习使用 MDK。

2. 编程练习,采用直接操作寄存器的方法,点亮或者熄灭与 PC7 连接的 LED2,并采用软件运行仿真和在自己的实验开发板上运行硬件验证程序。

3. 编程练习,采用 ST 库函数的方法,点亮或者熄灭与 PC7 连接的 LED2,并采用软件运行仿真和在自己的实验开发板上运行硬件验证程序。

4. 将 D:\Keil\ARM\Examples\ST\STM32F10xFWLib\Examples\GPIO\IOToggle 下的程序,建立工程后,修改运行在自己的实验开发板上。

5. 找到 D:\Keil\ARM\Examples\ST\STM32F10xFWLib\Examples\EXTI 下的程序,建立工程后,修改运行在自己的实验开发板上。

6. 找到 D:\Keil\ARM\Examples\ST\STM32F10xFWLib\Examples\NVIC\Priority 下的程序,建立工程后,修改运行在自己的实验开发板上。

7. 找到 D:\Keil\ARM\Examples\ST\STM32F10xFWLib\Examples\USART\Printf 下的程序,建立工程后,运行在自己的实验开发板上。

8. 找到 D:\Keil\ARM\Examples\ST\STM32F10xFWLib\Examples\USART\HyperTerminal_Interrupt 下的程序,建立工程后,运行在自己的实验开发板上。

9. 找到 D:\Keil\ARM\Examples\ST\STM32F10xFWLib\Examples\USART\Interrupt 下的程序,建立工程后,运行在自己的实验开发板上。